郑州西南丘陵地区
水文地质工程地质环境地质研究

郑栋材 荣富强 肖 敏 张伟兵 肖道恺 冯鹏程 孟志豪
何祥新 李利彬 田大永 王 冰 郝彦猛 余立明 邵鹏远 著

黄河水利出版社
·郑州·

内 容 提 要

本书以郑州西南万山丘陵地区为例,研究了该区的水工环地质条件,分析了存在的问题,在大量工程试验和调查数据基础上,分别做出了水文水资源量计算、工程地质力学计算、环境地质定量评价,结合当地经济社会发展现状、工程建设规划、工农业用水需求等,分别从水文地质、工程地质、环境地质三个专业角度进行了较为完整和相对独立的研究。

本书可供从事水工环地质勘查、设计者工作使用,也可供高等院校相关专业师生学习参考。

图书在版编目(CIP)数据

郑州西南丘陵地区水文地质工程地质环境地质研究/郑栋材等著.—郑州:黄河水利出版社,2020.3

ISBN 978-7-5509-2603-5

Ⅰ.①郑… Ⅱ.①郑… Ⅲ.①丘陵地-水文地质-工程地质环境-研究-郑州 Ⅳ.①P641.626.11

中国版本图书馆 CIP 数据核字(2020)第 038852 号

组稿编辑:王志宽 电话:0371-66024331 E-mail:wangzhikuan83@126.com

出 版 社:黄河水利出版社 网址:www.yrcp.com

地址:河南省郑州市顺河路黄委会综合楼 14 层 邮政编码:450003

发行单位:黄河水利出版社

发行部电话:0371-66026940、66020550、66028024、66022620(传真)

E-mail:hhslcbs@126.com

承印单位:河南瑞之光印刷股份有限公司

开本:787 mm×1 092 mm 1/16

印张:9.75

字数:225 千字 印数:1—1 000

版次:2020 年 3 月第 1 版 印次:2020 年 3 月第 1 次印刷

定价:60.00 元

前 言

我国经济发展迅速,科学技术水平也随之快速进步,但是在水工环(指水文、工程、环境)地质工作中,仍旧存在环境污染和资源浪费现象,对生态环境造成了较为不利的影响。开展水工环地质勘查工作,能够推动国家经济向前发展,能够满足社会、经济和人们日常生活的需求,但是过度和无序开发国土资源对于我国自然环境与生态环境影响深远,严重时有可能对人类生存产生不利影响。正因为如此,在新形势下,相关工作人员更加需要按照法律法规、规范规程等开展工作,注重保护环境,提升水工环地质工作水平。加强对当代水工环地质现状及发展趋势的研究,对新时期地质工作和我国经济社会人文和谐发展具有较为重要的意义。

在开展水工环地质工作期间,需要使用先进技术,相关技术人员需对现有技术进行不断完善和创新。虽然地质勘查技术以及设备得到不断改进,但是技术方面的创新能力尚存不足。例如,在相应地质勘查工作中,部分单位还在使用地质锤、罗盘和放大镜等老旧工具。这些工具的工作效率相对较低,导致在地质情况方面缺乏准确的掌握,勘查评估精度受到影响,这对水工环地质当中的不同工作开展造成不利影响。

新形势下,水文地质、工程地质、环境地质相关工作人员应不断提升思想认识,结合新常态以及新规定要求,针对水工环地质当中的不同工作做出科学合理的规划。当下,社会发展对水工环地质工作方面的要求进一步提升,为了促使工作效率提高,需要充分吸取工作人员的先进经验,对工作方式进行大力改革和创新。有效加强超前谋划工作,结合相关政策规定以及经济社会发展需求,对水工环地质工作进行科学规划。

水工环地质工作需要进一步提升人们的环保意识,同时结合实际工作需要,采取科学有效的措施,加强对周围环境的保护,防止出现污染。

建立科技创新平台,同时结合水工环地质技术创新需求,促使技术得到不断创新和不断进步。通过这种方式,可以对不足之处进行弥补和改进,为水工环地质工作的顺利开展奠定基础。进一步加大技术攻关力度,强化科研工作水平,有效实现技术攻关与技术创新。

随着社会的不断进步,水文地质学的技术研究也呈现出快速发展的势头。当前在进行水文地质研究时,地质学家主要是结合对地下水研究提取的参数值,经过对地下水的实际情况进行汇总分析,最后对其是否能被人类利用做出判断。因此,在水文地质研究上,是广泛且复杂的。

而工程地质作为一门被单独分离出来的学科,经过近几十年的发展,包含了丰富的研究内容以及具有指导性的理论知识。从脱离地质学到独立成为一门学科,为现代工程地质研究工作的发展起到了巨大的推动作用。我国当前的工程地质研究重点是在现有的技术基础上,不断吸收国外的先进理念并结合我国的实际条件,对其进行优化,以推出与我国工程地质实际情况相符的理念,进而推动该方面技术的发展。

环境地质作为预测环境变化趋势、评价环境质量、防治自热灾害的基础工作，在环境保护以及国土资源规划方面有着极为重要的作用。由于化工产业、矿山产业、冶金产业、造纸及印染行业的发展，人们的生存环境受到了严重破坏，因此全球也加大了对环境保护的重视程度。就我国来讲，当前也在不断推行和探索能够治理环境、防治自然灾害的研究方法，从而实现经济的可持续发展。

河南处于特殊的地质构造带，其地质特征多样，郑州西南地貌单元属低山丘陵地带，对其水文地质、工程地质和环境地质开展研究，为该地区及相似地质条件区域开展类似基础性地质工作具有现实借鉴和指导意义。

本书以郑州西南万山丘陵地区为例，阐述了万山丘陵地区的地质环境条件，分析了该区的地质环境问题，结合地方经济社会发展规划、工程建设需求、工农业生产生活用水需求等，分别从水文地质、工程地质、环境地质三个专业角度进行了相对完整独立的研究。

万山位于荥阳市乔楼镇万山坡村西部，是一个相对独立的丘陵低山。河南郑州万山地质文化产业园(地质公园)建设是打造具有一定规模和分布范围的地质景观，为郑州市提供具有较高科学品位、较高艺术价值，集登山健身、科学教育、文化娱乐为一体的地质环境综合治理示范园区，促进郑州市经济、文化和环境的可持续发展。但是系统的、全面的关于对研究区(万山产业园区)水文地质、工程地质、环境地质的研究与评价工作却未曾开展过，因此本次对研究区的相关研究与评价是十分必要的。

总之，本书以实际工程试验和大量的调查数据为基础，根据水工环专业知识理论对研究区进行了相对系统的研究，分别从水文地质、工程地质和环境地质三个相对独立的专业性技术领域开展研究，提出了具体解决措施，在实际应用中取得了显著的经济效益和社会效益，该研究成果对同类工作的开展具有一定的指导和示范作用。

作　者

2019 年 10 月

目　录

第1章　绪　论

1.1　问题的提出及研究背景

进入21世纪,党的十八大提出了“大力推进生态文明建设、建设美丽中国”的宏伟战略。河南省提出了“推动文化和旅游融合发展,实施大板块、大品牌、大集团战略,整合旅游资源,着力构建新型旅游产业链。突出培育文化体验、都市休闲、山地度假等旅游板块”的建设目标。

河南处于特殊的地质构造带,其地质特征多样,有数十个国家级地质公园。郑州周边有丰富的自然和文化旅游资源,旅游产业在郑州已经形成规模集聚效应。荥阳市旅游资源丰富,同时当地政府高度重视旅游业的发展。2008年以来,荥阳市把发展旅游业作为战危机、破危局、促增长的重要措施,作为重点培育的优势产业之一。旅游业发展具有良好的政策和社会环境。荥阳市位于郑州市半小时都市圈内,依据《郑州市城市总体规划(2008—2020年)》,到2020年郑州市城区人口将达到500万人。随着经济社会的发展,居民旅游需求将进一步增加,良好的区位优势和便利的交通条件、巨大的人口规模效应为荥阳市旅游业发展提供了巨大的潜在客源市场,带动整个城市群带社会经济高速发展,前景无限。

万山(本书研究区)位于荥阳市乔楼镇万山坡村西部,是一个相对独立的丘陵低山,分布面积约3 km^2。北距荥阳市9 km,东距郑州市约28 km。河南郑州万山地质文化产业园(矿山公园)建设是按照河南省“依托中原文化和山水旅游资源,利用优越区位交通条件,培养大旅游、发展大产业”的精神,打造以万山地质文化产业园为依托,再造具有一定规模和分布范围的地质景观,为郑州市提供具有较高科学品位、较高艺术价值,集登山健身、科学教育、文化娱乐为一体的地质环境综合治理示范园区,促进郑州市经济、文化和环境的可持续发展。

荥阳市委、市政府紧紧抓住“发展是第一要务,积极实施东引东进,融入大郑州”发展战略,优化发展环境,强力招商引资,狠抓固定资产投入,使国民经济保持了平稳较快发展,各项社会事业全面进步。当地政府高度重视绿色、低碳、高效、可持续发展方向,其中措施之一就是高度重视旅游业的发展,将旅游作为重点培育的优势产业之一。随着地质公园、矿山公园、国土资源科普基地、温泉之乡等的蓬勃发展,地质旅游作为特色科学文化旅游,已被广大的游客所青睐。打造地质文化产业园是河南省地矿局地质服务向地质产业转化的新探索,是在建设地质公园基础上打造地质文化产业的新尝试。为了推进地质文化产业建设,实现地质服务的可持续发展,于是推出了本书研究的课题。

1.2 研究的意义

水文地质、工程地质、环境地质(简称水工环地质)的研究属于公益性、基础性的工作,事关国家生态管护、环境保护、资源安全等经济社会发展。目前,国家正处于经济社会转型的关键时期,我们必须顺应国际大趋势,多学科综合研究,依托高新技术解决、探索人类所面临的一系列科学难题。为此,水文地质、工程地质以及环境地质必须向着科技化方向发展。

水文地质是地理学分支学科,指自然界中地下水各种运动和变化的现象。对于水文地质的研究主要有两个任务:治水、找水。目前在找水方面,主要利用岩溶裂缝水和第四系含水层,取得了较好的应用效果。对于碎屑沉积岩、深浅变质岩、新老火山岩以及碳酸岩分布的研究,对导水、容水构造方面的寻找都取得不错成绩。例如,利用激发极化衰变场法,确定玄武岩,裂缝含水区井位,利用电场选频法找水、确定井位,对全国各地区水资源运用起到巨大作用,有效推动了经济发展。

工程地质是研究解决与工程建筑有关的地质问题,并为工程建设服务的地质科学。地球上一切工程建筑物都建造于地壳表层一定的地质环境中,地质条件是工程建筑的物质基础。地质环境以一定的作用,影响建筑物的安全、经济和正常运行;而建筑物的兴建又反馈作用于地质环境,使自然地质条件发生变化,最终又影响到建筑物本身,二者处于既相互关联,又相互制约的矛盾之中。工程地质学研究地质环境与工程建筑物之间的关系,促使二者之间的矛盾转化和解决。因此,必须根据实际需要,深入研究并评价工程建筑地区的地质条件(如地质构造特征、岩土工程地质性质、地形和地貌条件、自然地质作用、地应力状态等)。建筑物修建后,地质环境中的应力状态、水文地质条件和岩土性质将有所改变,因而产生一系列地质问题,如地基变形和失稳、斜坡滑动、地下洞室变形和失稳、坝基渗漏和渗透变形、水库渗漏和淤积、水库诱发地震等。工程地质问题是多种多样的,在具体情况下出现哪些问题及其对建筑物的地质环境的影响程度,取决于建筑物的特点和地质条件的好坏。

"环境地质"一词最初起源于20世纪中叶,是为了解决地面沉降、泥石流以及滑坡等方面问题提出的。环境地质研究的主要内容和任务是对大面积灾害地质的调查、对经济开发区和主要交通干线进行评价分析,采用科学的环境地质探测方法,可以在一定程度上减少自然灾害对人类的威胁。目前来看,我国环境地质研究在地面水源、土壤污染以及地下水污染方面取得了不错成绩,为日后的环境污染治理提供了大量研究资料。

水工环地质为工程建设服务是通过地质勘查实现的。通过实地勘查、采样分析、原位工程地质水文地质试验,结合综合分析研究,阐明建筑地区的工程、水文和环境地质条件,指出并评价存在的地质问题,为工农业生产、生活、建设及发展规划提供基础性技术支撑。

此外,由于以前研究区万山所在地未进行过系统的水工环地质研究与评价,配合当地政府推进地质文化产业建设,完成地质产业服务的可持续发展,对其进行水工环地质研究是十分必要的。

总之,水工环地质问题的分析研究,在专业体系和工程建设中的意义深远而重大,就郑州万山地质文化产业园而言，对本研究区进行水工环地质研究也具有重要的现实意义。

1.3　水工环地质学科国内外研究现状及发展趋势

“水文地质学”这一术语，虽然早在19世纪初就在欧洲被正式提出来，但真正成为地质科学中一门比较完整、系统的独立学科，是20世纪30~40年代的事。特别是第二次世界大战结束以后，随着地质科学的迅速发展，西方许多国家（包括苏联）对地下水的研究，开始在地质科学（如地层学、岩石学、构造地质学、地球化学、地球物理学等）的基础上，与其他一系列基础自然科学（如数学、物理学、化学、生物学等）以及水文科学相互结合、相互渗透，逐渐发展成为一门跨学科的综合性边缘学科。水文地质学从研究地下水的自然现象、形成过程和基本规律，发展到对地下水的定性、定量评价；它的基本理论、勘查方法和应用方向也逐步形成。20世纪70年代以来，水文地质学又从地下水系统的研究进一步扩大为研究地下水与人类圈内由资源、环境、生态、技术、经济、社会组成的大系统。因此，水文地质学的研究目标，开始转入研究整个水系统与自然环境系统和社会经济系统之间相互交叉关系的新时期。

我国对地下水的认识和开发利用，开端于20世纪30年代。如老一辈的地质学家朱庭祜、谢家荣等曾于这一时期分别到过江西、河南及南京等地区进行地下水的调查研究，并著有论文或报告。但水文地质学作为地质科学领域内一门独立的应用地质学科，是在20世纪50年代才迅速发展起来的。从50年代中期起，我国有计划地在全国开展区域水文地质普查，推动了区域水文地质学的发展。60年代，由于在华北开展大规模的抗旱打井运动，成为农业水文地质学的开创时期。70~80年代又进一步开展许多主要为发展农业服务的专题研究，如“黄淮海平原旱、涝、盐等自然综合治理的研究”，“河南商丘地区潜水资源与人工调蓄的研究”，“河套平原关于水盐均衡和盐土治理的研究”，以及“河西走廊地下水合理开发利用的研究”等，为农业水文地质学的发展奠定基础。从20世纪70年代到80年代，随着许多均衡试验场的建立，以及负压计、中子仪等新的测试技术的引进，促进了包气带土壤水运移规律的研究。河南水文地质总站与有关部门合作，通过“四水”转化关系的机制研究，对土壤水运移机制进行系统分析，并通过田间作物的观测试验，应用土壤水分运动通量法和定位通量法，计算了有植被条件下的降水入渗量、蒸发量以及其他有关数据，建立了“四水”均衡模型，证明在“四水”相互转化关系中，土壤水起着重要的调蓄作用与相互制约作用。这对如何充分发挥土壤水的功能，提高作物用水效率，建立节水型农业，具有重要的实际意义。20世纪80年代以来，由于地下水系统理论、非稳定理论的输入，以数值解或解析为代表的现代应用数学以及计算机系统的广泛应用，使地下水资源的研究发生了根本性的变化，把重点从传统研究方法转入模型研究方面，不仅在计算方法上发生了巨大变革，而且其研究范畴也由单纯研究地下水系统与自然环境系统之间的相互关系，扩大到研究与社会经济系统的相互关系。20世纪80年代后期地下水资源研究的一个重要标志，是把主要目标逐渐转向管理模型的研究，即研究如何合理开发、利用、调控和保护地下水资源，使之处于对人类生活与生产最有利的状态。因此，它不仅涉及水文地质学的各个领域，而且涉及与地下水开发活动有关的自然环境、社会环境和技术经济环境等各方面的问题，通过数学模型和最优化技术，建立地下水管理模型，实现管理目标。

目前，北京、西安、沈阳、新乡、平顶山等许多城市都开展了管理模型的研究，根据不同目标与不同要求，分别建立了以城市供水为目标的水资源管理模型，比如水质控制改良和环境生态改善的管理模型，水质水量联合管理模型，水量调配和供排结合的管理模型，地表水、地下水联合调度模型，以及全流域为工农业生活用水优化分配的规划管理模型等。1991 年在“唐山平原地下水盆地管理模型研究”和“邯郸西部平原地下水盆地管理模型研究”中，首次采用“两个耦合”，即分布参数地下水模拟模型与优化模型的耦合、水资源经济管理模型与优化模型的耦合，实现了水资源系统与经济系统的有机结合。20 世纪 90 年代出版的《地下水管理》（林学钰、廖资生著）、《实用地下水管理模型》（杨悦所、林学钰编著）以及《地下水资源管理》（陈爱光、李慈君、曹剑锋编著）等专著，都是有关管理模型研究的重要成果。近一二十年以来，地下水动力学结合水资源计算，吸取现代应用数学的基本内容而发展出数学水文地质学。数学水文地质学主要包括地下水流数值模拟、水文地质统计和随机模拟、非稳定流解析法等方面，也分别向独立分支学科发展。地下水系统理论的引入，对水资源的研究产生了重大影响。地下水模型研究已成为水资源研究的主要内容。应用系统工程的观点，从概念模型、数学模型、优化模型到管理模型，实际上包括从水资源评价到水资源管理的全过程，已逐渐演变成水资源水文地质学。近年来，通过对数据管理系统的研究，河南环境水文地质总站已先后开发了“河南省地下水资源数据管理系统”和“地下水均衡试验观测数据处理系统”，并都已正常运行。山西环境水文地质总站也建立了山西地下水动态数据库（GWD）管理系统，不仅可对动态资料进行输入、修改、查询、统计、打印报表、绘制图形，而且具有多种数据处理功能。秦皇岛、石家庄、新乡等许多城市也都分别建立了数据库与数据管理系统。在信息系统研究的基础上，国内正在开展关于城市水资源环境管理专家决策系统的研究。专家系统是人工智能研究领域中的一个重要研究方向，通过对信息数据库、知识库、推理解释系统和知识获得的研究，可以建立通用的城市水资源——环境管理专家决策系统，从而将水资源 - 环境管理这一复杂系统工程微机化、自动化，为城市水资源业务管理部门提供操作方便的技术工具，不仅可对水资源状态进行实时分析、过程模拟和信息输出，还可对水资源管理实现最佳决策选择。所以，开发专家决策系统是水文地质工作者今后一项重要任务，也是缓解城市水资源供需矛盾的一项不可缺少的战略措施。信息系统的研究已成为水资源研究不可缺少的重要内容之一，主要包括数据管理系统、动态监测信息系统、遥感信息系统、专家决策系统的开发以及三维地理信息系统在模型研究中的应用等，已逐渐向信息水文地质学的方向发展。

20 世纪下半叶，全世界经济在相对稳定的环境中发展，各类工程建设的规模越来越大，国际工程地质界认识到有必要成立一个国际学术性组织。在 1968 年召开的第 23 届国际地质大会上成立了国际地质学会工程地质分会,后改名为国际工程地质协会。1976年先后出版的 Q. Zaruba 和他的学生 V. Mence 合著的《工程地质学》(*Engineering Geology*)和 P. B. Attewell 及 L. W. Farmer 合著的《工程地质学原理》(*Principles of Engineering Geology*)这两本著作,可代表 20 世纪 70 年代国际工程地质学的水平。在 1980 年第 26 届国际地质大会上,地质学家们一致通过了《国际工程地质协会关于解决环境问题的宣言》,标志着现代工程地质向环境地质学进军的时代开始,越来越多的工程地质学专家参与环境保护与自然灾害的研究领域。为了体现工程地质学家将环境保护作为义不容辞的责任,在 1997 年于希腊雅典召开的一次会议上,协会正式改名为国际工程地质与环境协会。至今,工程地质研究已经由欧美国家向发展中国家扩展,国际工程地质学科研究和工程工作实践正在稳步发展。大体上从 20 世纪 50 年代到 70 年代中期为传统工程地质学阶段,是中国工程地质学的形成和初步发展阶段。在这个阶段,中国工程地质学主要研究具体工程的工程地质条件,为具体工程的规划、设计和施工提供地质资料与数据,其目的是为具体工程寻找工程地质条件优良的建筑地址。因此,可以把这个阶段说成是"找址工程地质学"阶段。

从 20 世纪 80 年代中期开始至今为现代工程地质学阶段,中国工程地质学进入现代工程地质学阶段。这个阶段的背景是:世界科学技术飞速发展,地球科学向着国际化和统一化方向迅速发展;全世界面临人口、资源、环境三大课题;由于人类工程经济活动的广度和深度不断扩大,环境的污染和破坏日益严重,使合理开发利用、保护和治理环境成为迫切需要解决的世界性重大课题,从而促进了环境科学学科体系的迅速形成和发展。工程地质学与人口、资源、环境这三大课题的研究都有着密切的关系,这就为工程地质学开辟了广阔的发展前景。在这个阶段,中国工程地质学的基本任务是通过引进和创新,加强基础理论、方法和技术的研究,用先进的理论、方法和技术武装自己,逐步实现学科现代化。这个阶段最主要的标志是中国环境工程地质学的形成和发展。因此,可以把这个阶段说成是"环境工程地质学"阶段。

从世界范围看,工程地质研究继续由发达国家向发展中国家扩展。发展中国家的各类工程建设将以前所未有的规模和速度发展着,各种不同复杂程度的地质环境将向工程地质学家提出许多研究课题,也要求工程地质勘查技术手段不断创新和改进。由于岩石圈、大气圈、生物圈各圈层之间相互作用影响着,它们又具有全球观念,所以势必促使工程地质学家们从全球演化的角度来研究工程地质特征的多样性以及各圈层对工程地质条件的影响,进行全球性的工程地质研究和对比。作为地学分支的工程地质学与工程科学、环境科学以及地球科学的其他分支学科关系密切,所以工程地质学与各相关学科更好的交叉和结合能够促进基本理论、分析方法及研究手段等各方面不断更新和进步,进而使工程地质学的内涵不断变化,外延不断扩展。此外,工程地质学必将融入现代数理化、计算机科学、空间科学及材料科学等更多的新鲜知识,以保证在未来的信息世界里工程地质学的适应性。

我国工程地质学发展趋势可概括如下:在 21 世纪上半叶,根据我国的发展战略,将大大提高综合国力,加速现代化建设。为保持较快的稳步发展速度,在能源、交通、现代城市化建设和矿产资源开发方面将要有更大、更快发展。同时,为了实施可持续发展战略,要重视环境保护,加强自然灾害的防治。我国的工程地质学应重点解决好环境工程地质、灾害防治等方面的问题以及复杂地质体建模理论技术、崩滑地质灾害发生机制等工程地质方面的理论与技术的发展,从广度和深度拓宽工程地质学的学科领域,进一步发展和完善其学科体系;在积极引进吸收和推广应用世界工程地质学及相关学科先进理论的同时,紧密结合经济建设实际,大力加强理论研究,不断提高理论水平;研究中,以定性研究为基础,加强定量研究,把定性研究与定量研究有机地结合起来;加强工程地质勘察方法手段和规范规程的研究,努力实现工程地质勘察的标准化和现代化;与有关学科相互渗透和联合发展,多学科、多专业、多手段综合研究和联合攻关,开展国内外科技交流与合作。

环境地质学正式作为一门学科产生于20世纪70年代,它随环境、系统科学的形成发展而不断丰富自身的内容,是一门综合性很强的应用地质学。环境是人类环境的一个组成部分,是指与人类的生存和发展有着紧密联系的地质条件。地震、滑坡、泥石流、地面沉降及地下水污染等现象在20世纪50年代、60年代曾被称为不良的水文地质、工程地质问题,是水文地质、工程地质工作者在工程建设和地下水资源开发过程中经常遇到的。然而,随着理论的发展和人们对自然现象认识的不断深入,特别是环境科学的出现和环境保护呼声的日益强烈,使其与生态环境相结合。地质灾害不再只是被视为一种不良的工程现象受到各界关注,而是与人类环境相联系的一大类问题。虽然各种现象产生的背景条件、发生的机制各不相同,但它们都从客观系统、环境科学角度阐明了原理规律和演化过程。环境地质学主要研究两大方面的问题:一方面是地质环境中自然系统和自然过程对人类的意义与影响;另一方面是人类活动引起环境变化的地质学基础及其社会学问题。美国、西欧国家自20世纪60年代末、70年代初就开始了以滑坡灾害为主体的地质灾害危险性区划研究。60年代末,美国西部多滑坡的加利福尼亚州的滑坡敏感性预测区划及县行政级别的斜坡土地使用立法研究;70年代初法国提出了斜坡地质灾害危险性分区系统(ZERMIOS)等。进入80年代,世界大部分国家和地区都开始了区域地质灾害危险性分区及预测问题的研究,如意大利、瑞士、美国、法国、澳大利亚、西班牙、新西兰、印度等。从20世纪90年代起,围绕国际减灾十年计划行动,北美及欧洲许多国家在原地质灾害危险性分区研究的基础上开展了地质灾害危险性与土地使用立法的风险评价研究,把原来单纯的地质灾害危险性研究拓展到了综合减灾效益方面的系统研究,由于GIS技术的空间分析、制图功能和可视化特点,GIS技术在地质灾害区划研究方面正得到快速发展,以GIS软件为技术平台的地质灾害危险性、易损性和风险评价的系统研究则逐步成为本领域研究的发展方向,并有可能在不远的将来与5G网络技术相结合,实现更加迅速便捷的信息化、可视化、多要素、全空间化发展。

当前,我国的水文地质问题还没有受到足够的重视,对于矿山生态修复问题与山水林田湖草的修复问题,水文地质就是一个重要的影响因素。随着我国经济的不断发展,各种大型的建设工程都是必不可少的。然而,当前对于水文地质的检测不够完善,许多项目在进行设计规划之前就需要对于现场的工程地质进行合理的勘查，只有严格地掌控现场的水文与地质状况，才能更加明确地寻找到合适的工程方案。人类的经济科技生活已经离不开矿产资源的保障，我国长期以来以牺牲生态环境为代价，来换取经济的快速发展，矿产本身作为一种不可再生的资源，随着当前的经济建设，对于矿产品的需求只会逐渐增长，从而给矿山环境及生态保护带来压力，为此，加强对矿山地质的环境保护，就需要加强矿山环境及生态修复学科研究。

我国的山水林田湖草等生态环境破坏较为严重，在经济发展的大环境下，对生态环境的损害越来越严重。过度开采金属资源、煤炭资源以及石油资源等，都严重地破坏了地球的整体结构，使得地球生态结构受到了影响，而随着人类数量的增加，温室效应、臭氧层破坏、酸雨等现象越来越严重，这些关系到生态环境的问题如果没有得到妥善的解决，很有可能出现可持续发展的问题。

从我国当前的国情与科技的发展状况来看，我国一大批重点工程建设推动了科学技术的进步，各种公路建设和南水北调等工程的建设很大程度上带动了一批关于水文地质工程的项目。当前，提高我国水文地质、工程地质的整体工程技术水准是十分有必要的，对于地下水的污染，也可以通过合理完善的地下水监督进行管理。由于实际情况往往比较复杂，涉及多个学科领域，为了更好地完善整体工程研究，向多种学科发展也是很有必要的。

1.4 研究内容与技术路线

1.4.1 研究内容

在收集研究区及其附近前人研究地质资料的基础上，以郑州西南万山产业园为研究对象，以其水工环地质为研究内容，以《供水水文地质勘察规范》(GB 50027—2001)、《水文地质调查规范(1∶50 000)》(DZ/T 0282—2015)、《生活饮用水卫生标准》(GB 5749—2006)、《地质灾害危险性评估规范》(DZ/T 0286—2015)、《岩土工程勘察规范》(GB 50021—2001)(2009 年版)、《湿陷性黄土地区建筑标准》(GB 50025—2018)、《建筑边坡工程技术规范》(GB 50330—2013)、《建筑工程地质勘探与取样技术规程》(JGJ/T 87—2012)、《土工试验方法标准》(GB/T 50123—2019)、《工程地质测绘标准》(CECS 238：2008)、《工程地质测绘规程》(YS 5206－2000J98—2001)、《水利水电工程地质测绘规程》(SL 299—2004)、《工程地质调查规范(1∶25 000～1∶50 000)》(DZ/T 0097—1994)、《滑坡防治工程勘查规范》(DZ/T 0218—2006)等为依据，对该研究区水文地质条件、工程地质条件、环境地质条件做出论述，在此基础上分别做出了水文地质、工程地质、环境地质专项分析和研究。

1.4.2 技术路线

本研究的技术路线如图 1-1 所示。

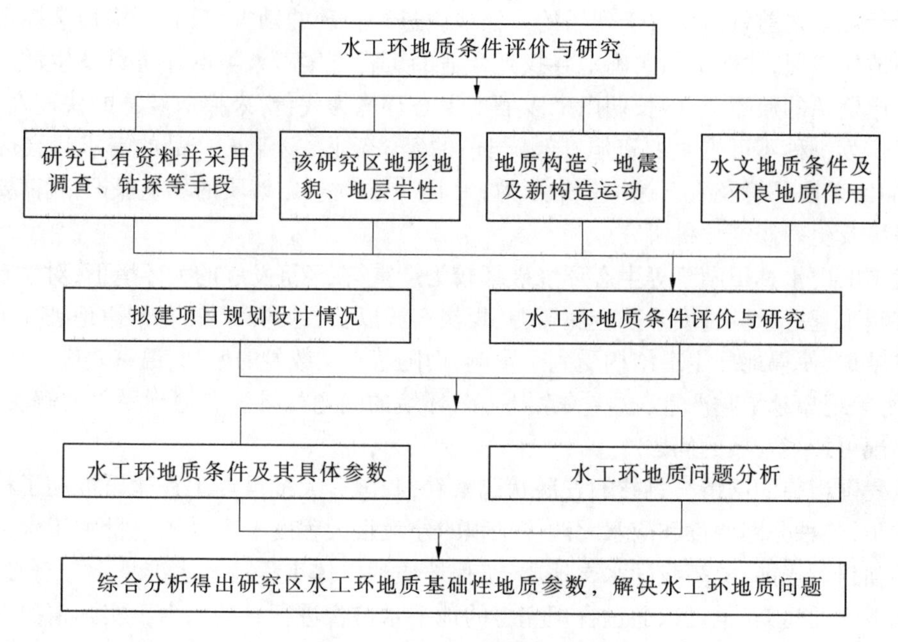

图 1-1　技术路线框架图

1.5　研究难点及创新点

本书的研究对象位于郑州西南丘陵低山地带，施工设备如工程钻机、水文钻机、静力触探和波速测试仪器等需现场拆卸，人工运至山上后重新组装；同时钻进用水、现场渗水试验等施工用水甚为困难；水文地质水井调查点分布相对较少，且天然露头不发育，水位统测统调相对不易；水文地质抽水试验点布设相较于平原富水区而言受限；考虑到基岩山区各种试验的代表性而导致其样本数急剧增大。

但是该项工作的开展对提高丘陵基岩山区、丘陵黄土地区的地下水资源规划与合理开发利用，对研究区工程建设、工业与民用建筑、交通建设等的规划、设计、施工技术水平提高，都具有较大的促进作用，可为当地创造巨大的经济效益、社会效益和环境效益。本书研究的问题主要包括以下几个方面，其中最后三项的三个“首次”为本次研究的创新点。

（1）开展研究区大比例尺水文地质调查和水质分析及农业开采井、集中供水井等调查等工作，查明了研究区地下水各含水层的补径排条件和水质状况，特别是人类活动对地下水补径排条件的影响及其变化，调查了附近煤矿的排水量，阐明了研究区内各层地下水资源及矿井疏干水对不同含水层的影响程度。

（2）对研究区地下水进行一般工业、生活饮用水及地热水水质评价，并预测了产业园建成后取用地下水可能产生的环境地质问题，提出了应对措施，并且明确了研究区地质环境条件复杂程度，结合规划方案，确定环境评估范围和地质灾害危险性评估工作级别，从环境地质方面地质灾害的角度对研究区场地的适宜性做出评价，为规划用地审批及制订地质灾害防治方案提供依据。

(3)查明了现状条件下研究区地质灾害的类型、分布、规模、发育程度、稳定程度、危害对象和危害程度,并在此基础上进行地质灾害危险性现状评估。结合规划方案,分析工程建设引发、加剧地质灾害的可能性和建设工程本身可能遭受地质灾害的危险性,对规划场地地质灾害危险性进行了现状评估、预测评估和综合分区评估,对场地适宜性进行了评价。

(4)对研究区场地进行了工程地质钻探、水文地质钻探、测试和试验,查明了拟建场区地层、岩性、地质构造、水文地质条件、工程地质条件等,对该场地地基土承载力、变形模量、渗透性、剪切强度等参数进行了系统的评价。

此外,还采取了大比例尺(1:1 000)工程地质测绘、人工探井、人工探槽、波速测试、标贯动探等多种方法手段相互印证,以确保各项参数的正确、合理。

(5)通过现场原位抽水试验、渗水试验、室内水质分析试验,查明了研究区地层的渗透系数、给水度、越流补给系数等参数;通过人工探井采取Ⅰ级原状土样做室内双线法湿陷试验,查明了场地土湿陷性类别、深度及其范围。采用均衡法分别对研究区浅层地下水、中深层地下水、深层地下水和基岩裂隙水进行了水资源量计算,查明了研究区地下水资源动态均衡状况,预测产业园建成后取用地下水可能产生的环境地质问题,为编制研究区矿区及周边地区地下水开发利用和保护规划,为当地相关管理部门提供可靠的地下水开采量调控依据,有力地保证了矿区及周边地区生态环境的良性发展。

(6)首次对该场地进行了系统的水文地质分区、工程地质分区。分区是根据本研究区水文地质条件、工程地质条件的相似性、差异性、地貌单元、地形特征、地层岩性等因素进行的。对每个分区的工程地质、水文地质特征进行了较为详细的论述。

(7)首次采用赤平极射投影法,以定性结合半定量的方法,对万山南坡原采石陡壁(陡壁高15~25 m,坡度60°~85°)进行了分析论证,解决了研究区基岩陡壁边坡稳定性分析难以定量计算的问题。

(8)首次在万山研究区按照折线滑面剩余推力法,定量分析了四种工况(自然、暴雨、地震、暴雨+地震)条件下,研究区内大型不稳定斜坡的稳定性,为当地的滑坡地质灾害预测预警机制的建立提供了数据支撑。

第2章　自然地理

2.1　位置交通

荥阳市位于河南省中部，黄河中游南岸，行政区划属于郑州市管辖。西与巩义市相连，南与新密市为邻，地理坐标东经113°09′～113°31′，北纬34°36′～34°59′。市内交通便利，公路四通八达，310国道、连霍高速公路、郑州西南绕城高速、陇海铁路、郑西客运专线贯穿全境，南水北调、西气东输在荥阳交汇。境内构筑起“三横三纵”的公路主骨架，全市村村通道路，是河南省一类公路县(市)和公路金牌县(市)。

研究区位于荥阳市万山—丁店湖一带，距离省会郑州仅25 km，考虑所在区的水文地质条件，本次研究区的范围适当外扩，面积约474.79 km^2。研究区交通位置见图2-1。

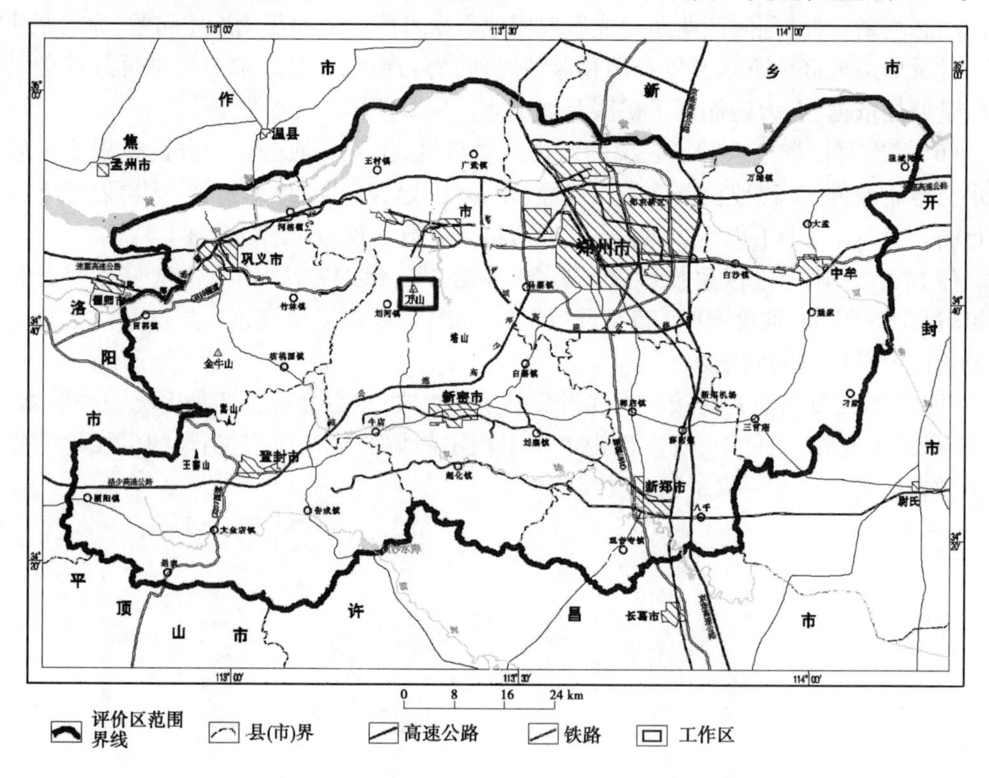

图2-1　研究区交通位置

2.2 气象水文

研究区地处我国黄河流域的中原地带,春夏秋冬四季分明,属温带季风性干旱气候,平均年日照为2 322 h,最多年份为2 602 h,最少年份为2 150 h;年平均气温14.3 ℃、地温16.7 ℃;平均年无霜期222 d,年均降水量645.5 mm;风向随季节而变化,冬春多为西北风,夏秋多为东北风。

区域内主要河流有黄河、汜水河、枯河和索河。除黄河外,其余河流均为季节性河流。汜水河、枯河属黄河水系,索河属淮河水系。黄河在北部边界由西向东流过,长约40 km。据花园口水文站1949~2000年资料,黄河多年平均流量1 269 m^3/s;最大实测洪峰流量22 300 m^3/s(1958年),最小流量42 m^3/s(1995年)。多年平均含沙量26.4 kg/m^3,最大年平均含沙量53.6 kg/m^3,实测最大含沙量546 kg/m^3(1977年)。汜水河全长100 km,向北流入黄河;枯河全长40 km,汇入黄河;索河全长40 km,最终汇入贾鲁河。

2.3 社会经济概况

研究区所在地荥阳市位于郑州西15 km,是河南省距省会最近的县级市,荥阳市辖2个街道、9个镇、3个乡(其中1个民族乡):索河街道、京城街道、乔楼镇、豫龙镇、广武镇、王村镇、汜水镇、高山镇、刘河镇、崔庙镇、贾峪镇、城关乡、高村乡、金寨回族乡,302个行政村,2 439个村民组,4个居委会。共有135 000多户,57万多人,其中农业人口12.7万多户,52.8万多人;非农业人口7 000多户,4.1万多人。有汉、回、满、土家、壮、羌、侗、布依8个民族,汉族55.8万多人,少数民族1.1万多人。人口密度为597人/km^2。

荥阳经济结构合理,工农业基础雄厚。荥阳已进入工业化中期阶段,工业已成为全市经济的支柱,全市工业企业达7 051家,其中销售收入500万元以上的有262家。荥阳工业门类齐全,在国家确定的41个工业门类中,荥阳占31个,主要集中在机械制造、建材水泥、医药化工、电力煤炭、金属冶炼等领域,如阀门、汽车、水泵、医药、精细化工等。

第3章 区域水文地质条件

3.1 含水岩组的划分及富水性

根据地下水赋存空间特征及其埋藏条件,将区内地下水分为松散岩类孔隙水、碎屑岩类裂隙水、碳酸盐岩类岩溶裂隙水三大类。松散岩类孔隙水据其埋藏条件又划分为浅层水和中深层水。

3.1.1 松散岩类孔隙水

3.1.1.1 浅层水

根据区内钻孔、机民井资料,综合分析其地层岩性、岩相及组合特征,浅层水系指埋藏在地表下60 m以内的地下水,按其富水程度(见图3-1)可分为以下几类:

(1)强富水区(单井出水量>1 000 m^3/d)。分布在汜水河河谷及黄河河谷区,含水层岩性为砂、砂砾石,汜水河河谷区厚度10~15 m,黄河河谷区可达50余米,水位埋藏浅,单井出水量大于1 000 m^3/d。

(2)中等富水区(单井出水量100~1 000 m^3/d)。分布在冲洪积倾斜平原区的东半部,含水层岩性为亚砂土,夹少量薄层粉细砂,厚度30~50 m,水位埋深20 m左右,单井出水量360~600 m^3/d,在二十里铺以北的曹李、茹寨地带和索河、枯河二河之间的闫村、三官庙、东苏楼一带,单井出水量600~1 000 m^3/d,在南部山前丘陵区,含水层岩性为含钙核的黄土类亚砂土、黄土及砂、砂砾石层,厚度20~40 m,单井出水量300~600 m^3/d。

(3)弱富水区(单井出水量<100 m^3/d)。分布在北部邙山黄土丘陵区,市西北、西南丘陵区。刘河、崔庙、贾峪一带丘陵区浅部松散层亦含少量地下水。本区地下水埋深大,如邙山区可达百余米,含水层岩性为黄土、黄土类土夹钙结核和少量的砂层,富水性差,单井出水量一般小于100 m^3/d。

3.1.1.2 中深层水

中深层水埋藏在地表下60~300 m深度内,主要为层状孔隙承压水,大致可分为3~4个含水段。中深层水因受古水文条件控制,承压水含水层在区内分布和组合不同,加之厚度多变和地形地貌影响,致使不同地段的富水性差异较大,现分述如下:

(1)强富水区(单井出水量>1 000 m^3/d)。主要分布在汜水及冲洪积倾斜平原山前黄土丘陵的大部分地区,含水层颗粒粗,厚度大,水位埋深30~62.96 m,水量丰富,钻孔单位涌水量18.99 $m^3/(h \cdot m)$,单井出水量大于1 000 m^3/d。

(2)中等富水区(单井出水量100~1 000 m^3/d)。分布在邙山区东段及高村到广武一带,地下水位埋深在邙山地段大,可达百余米,在平原区30~81.43 m,含水层厚度较大,颗粒较粗,该区单井出水量100~1 000 m^3/d。

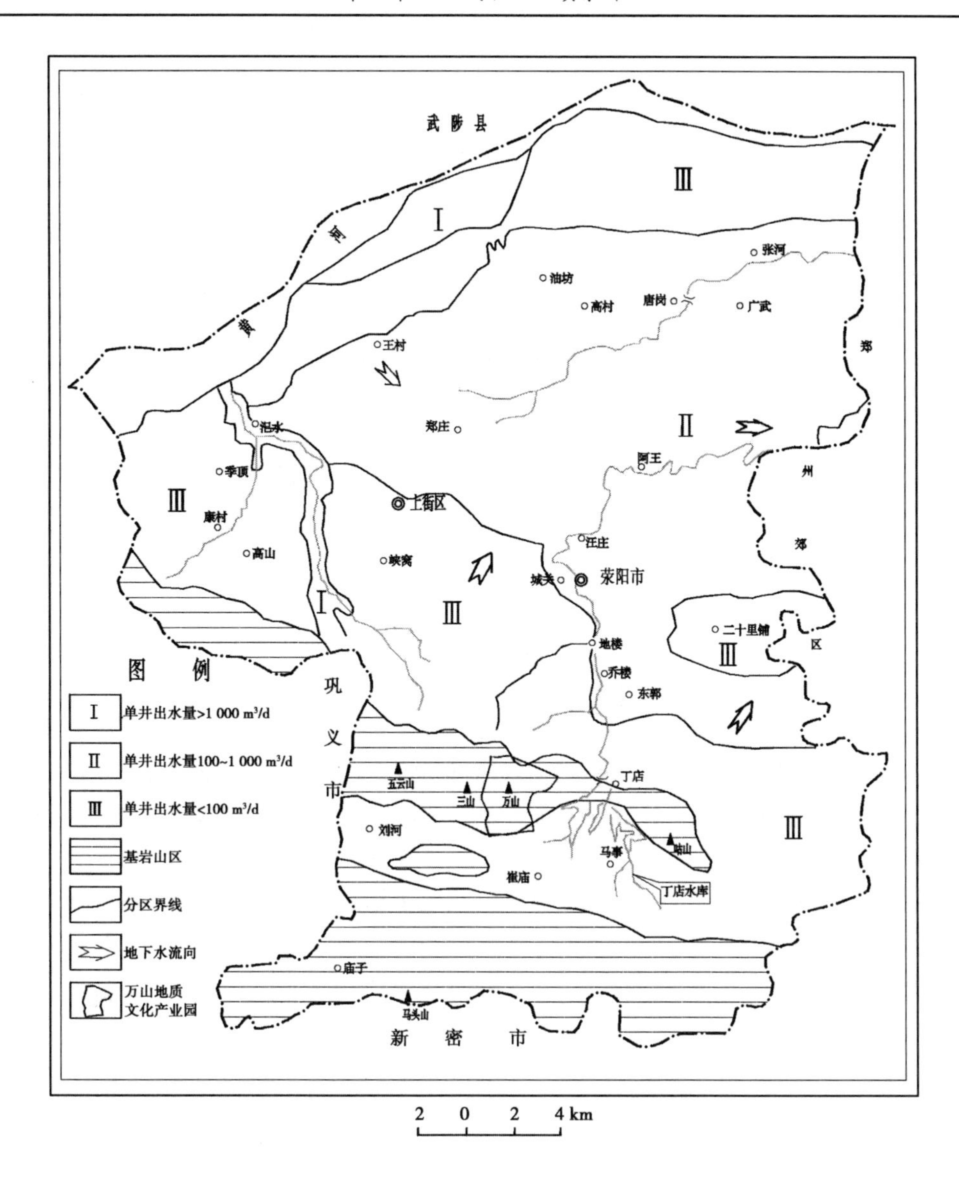

图3-1　区域地下水富水性分区

(3)弱富水区(单井出水量<100 m^3/d)。分布于高山潘窑一带,由于基岩埋藏浅,砂层较薄,含水层厚度小,岩性以少量砂砾石及泥质卵砾石为主,地下水埋深变化大,富水性差,单井出水量一般小于100 m^3/d。

3.1.2　碎屑岩类裂隙水

碎屑岩类裂隙水分布在高山乡的南部及五云山、万山、岵山的南北两侧及刘河、崔庙、贾峪一带,含水层岩性为二叠系砂岩,砂岩受长期风化和构造作用影响,裂隙比较发育,在构造和地形条件有利地段,可形成含水地段,地下水位埋深因构造及地貌条件不同而变化较大,在沟谷地段以泉水出露,泉流量0.005~1.7 L/s,钻孔出水量一般小于120 m^3/d,大者可达120~240 m^3/d。

3.1.3 碳酸盐岩类岩溶裂隙水

碳酸盐岩类岩溶裂隙水分布在南部山区，岩性为石炭系、奥陶系、寒武系的灰岩及白云岩等，受构造运动影响，岩溶裂隙发育，但极不均一，水位埋深差异较大，有的地方以泉水出露，相反有的地方埋深达100余米，富水性也不均一，贫水地段单井出水量<120 m^3/d，大者120~360 m^3/d，富水地段可达720~1 200 m^3/d（如王宗店、上湾等地）。

灰岩区泉水出露较多，流量一般为0.2~2.5 L/s，个别泉水流量甚大，如庙子泉，含水层为寒武系辛集组灰岩靠近背斜轴部，裂隙岩溶发育，补给充足，泉水量旱季为180 L/s，丰水季节可达449 L/s。

3.2 地下水补给、径流、排泄条件

3.2.1 地下水的补给

本研究区内浅层松散岩类孔隙水、基岩裂隙水和岩溶裂隙水的主要补给来源是大气降水的入渗，其次是水库、渠系的渗漏及灌溉水的回渗；中深层水的主要补给来源为浅层水的越流补给和临区侧向径流补给。如区域内有丁店、楚楼、河王、唐岗4座中型水库，河流有汜水河、索河、枯河、黄河等，除枯河、黄河、汜水河水位较地下水水位稍高对地下水有补给外，其他河流一般季节不补给地下水，水库及渠系渗漏、农田灌溉回渗对浅层水均有一定的补给作用。

在冲洪积平原及黄土丘陵区，浅层水水位高于中深层水水头，浅层水通过下部弱透水层向深部越流补给中深层水，加上大量未止水的中深井混合开采，使浅层水通过生产井向中深层补给；在山前地带，基岩裂隙水通过侧向径流补给中深层水。

3.2.2 地下水的径流

本研究区地下水以水平径流为主，总的流向有南、南西向北、北东或西向东运动（见图3-2、图3-3），水力坡度随地貌部位和开采条件不同而变化。

3.2.3 地下水的排泄

在基岩山区，地下水的主要排泄方式有矿坑排水、人工开采、地下径流及泉溢出等，据有关资料统计，矿坑排水量达992.51 m^3/a。

在平原及丘陵区，浅层水的主要排泄方式为人工开采，据1994年资料，浅层水年开采量为4 911.1万m^3。此外，在东部边缘有少量地下水以地下径流排出区外，汜水河河谷及黄河漫滩区存在蒸发排泄。中深层水的排泄方式主要是人工开采和侧向径流，据1994年资料，年开采量达9 781.1万m^3。

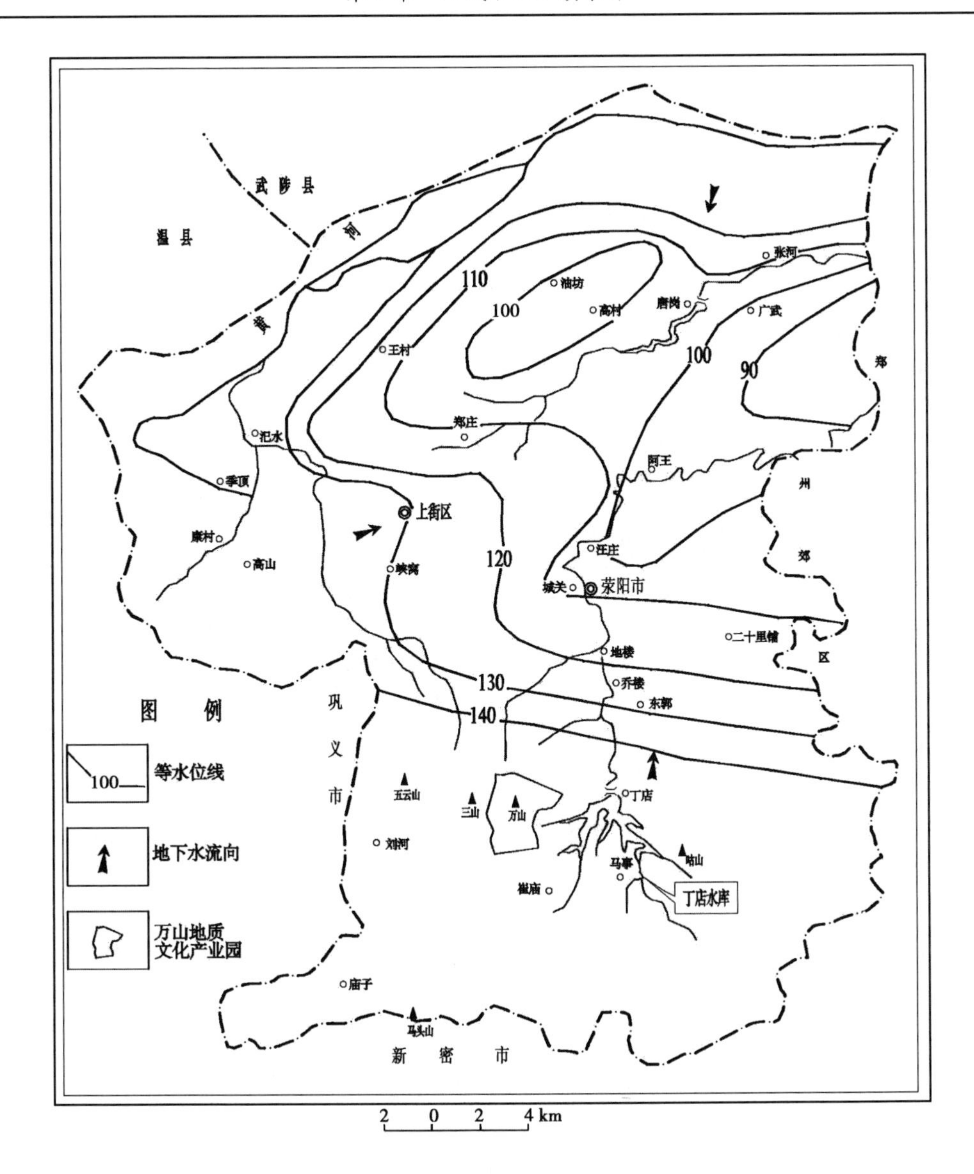

图 3-2　浅层地下水等水位线

3.3　地下水水质

3.3.1　水化学类型

3.3.1.1　浅层水水化学类型

区域内地下水水化学类型一般为 HCO_3-Ca、$HCO_3-Ca\cdot Mg$ 水，王村镇木楼村为 $HCO_3Cl-Mg\cdot Ca$ 水；北邙乡官峪、陈铺头，广武镇北街、唐垌、张庄，高村乡宋沟、油坊，王村镇许庄等地为 HCO_3-Na、$HCO_3-Na\cdot Ca\cdot Mg$、$HCO_3-Ca\cdot Mg\cdot Na$、$HCO_3-Ca\cdot Na\cdot$

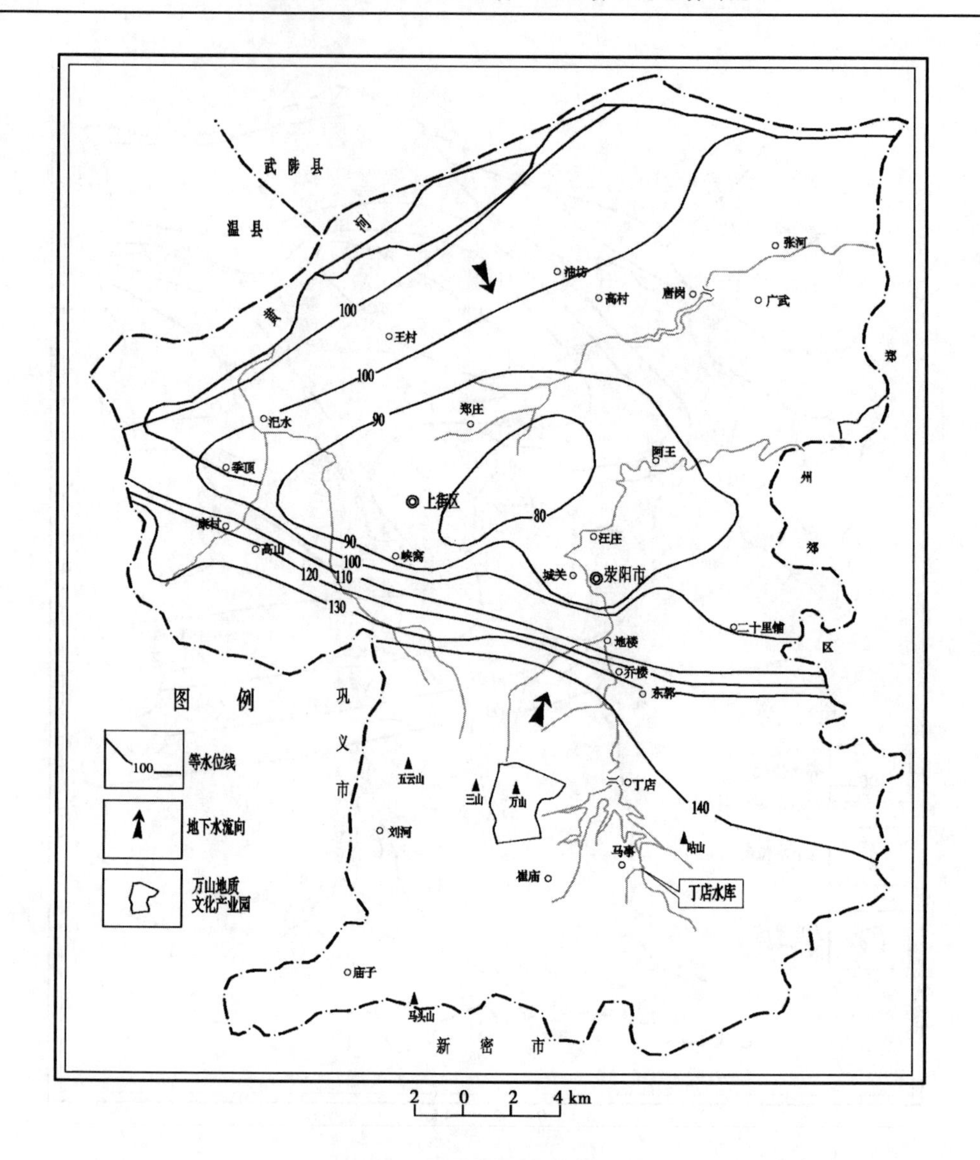

图 3-3 中深层地下水等水位线

Mg、HCO_3 – Mg · Na 等 5 种复杂的水质类型。

地下水 pH 值在 7.1 ~ 7.7，属中性水；矿化度一般小于 0.5 g/L，仅高村乡西张和油坊、王村镇木楼、上街区肖洼等地稍高，矿化度 0.58 ~ 0.85 g/L，均属低矿化的淡水，水温 15 ~ 16 ℃。

3.3.1.2 中深层水水化学特征

区域内中深层地下水水化学类型主要为 HCO_3 – Ca、HCO_3 – Ca · Mg、HCO_3 – Ca · K + Na 水，pH 值 6.8 ~ 8.5，矿化度 0.2 ~ 0.48 g/L，总硬度 220.27 ~ 333.26 mg/L（$CaCO_3$），水温 17 ~ 22 ℃。

3.3.2　饮用水水质状况

本区域浅层、中深层地下水物理性质为无色、无味、透明，无肉眼可见物，除区内北部油坊、宋沟、木楼、陈铺头等地，浅层及中深层水含氟量较高，一般 1.2 ~ 1.6 mg/L，大者达 3 ~ 4 mg/L，超过饮用水水质标准，其他指标均符合饮用水水质标准。

3.3.3　农田灌溉用水水质状况

区域内地下水从矿化度、硬度、基本成分、pH、温度、盐度、碱害等因素评价，为适合农业灌溉的好水，仅高村乡宋沟、油坊及王村镇木楼等地部分井水钠盐含量偏高，不宜用作灌溉水源。

3.4　地下水动态特征

区域内地下水动态特征，主要受气象、水文、人工开采等因素的影响，年变幅 0.1 ~ 5.99 m，根据影响地下水位动态变化的主导因素，将区域地下水动态类型划分为以下几种。

3.4.1　气象水文型

黄河河漫滩区及地表水库附近，浅层水动态变化主要受地表水水位变化的影响。

3.4.2　降水入渗 - 径流 - 开采型

黄土丘陵区、冲洪积倾斜平原区，地下水以降水入渗、径流补给为主，排泄以开采、径流排泄为主。

3.4.3　径流 - 开采型

区内中深层地下水以径流补给为主，排泄以人工开采为主，受降水影响不大。

3.4.4　气象型

基岩山区地下水的补给以降水入渗为主，由于地形切割强烈，冲沟发育，地下水交替条件好，径流途径短，就近补给，就近排泄，所以动态特征与气象密切相关。

第4章 研究区水文地质条件

万山产业园中部有较大面积的基岩出露,岩性为二叠系砂岩和页岩,向北及向南方向逐渐没入松散层以下。其中向北埋深由几米逐渐增大,至宋庙村一带基岩埋深约120 m;向南埋深增加较向北方向小,由几米逐渐增大到项沟村附近的约60 m。根据本次调查的钻孔地层情况,产业园中部分布有碳酸盐岩类岩溶裂隙水、碎屑岩类裂隙水,南部及北部主要为碳酸盐岩类岩溶裂隙水、碎屑岩类裂隙水和松散岩类孔隙水。

4.1 含水层边界条件概述

4.1.1 碳酸盐岩类岩溶裂隙地下水边界条件

东部和西部边界为产业园的东边界和西边界,按零流量边界处理;南部边界为产业园的南边界接受南部侧向流补给,为补给边界;北部以产业园北边界为界,为排泄边界。岩溶水顶界面与上部砂岩、页岩接触,按隔水边界处理;灰岩底部界面为寒武系砂岩、页岩,按隔水边界处理。排泄主要是矿井排水和人工开采。

4.1.2 碎屑岩类裂隙地下水边界条件

东部和西部边界为产业园的东边界和西边界,按零流量边界处理;南部边界为产业园的南边界接受侧向流补给,为补给边界;北部以产业园北边界为界,为排泄边界。上界面,中部裸露区接受大气降水补给,覆盖区接受浅层地下水的渗漏补给;下界面与灰岩接触,按零流量边界处理。

4.1.3 松散岩类孔隙地下水边界条件

浅层地下水(60 m以内),东部和西部边界为产业园的东边界和西边界,按零流量边界处理;南部边界为松散层与基岩分界线,按零流量边界处理;北部以产业园北边界为界,为排泄边界。地面接受大气降水补给、灌溉渗漏补给、季节性河流渗漏补给,底面按越流补给中深层地下水处理。

中深层地下水(60~120 m),东部和西部边界为产业园的东边界和西边界,按零流量边界处理;南部边界为松散层与基岩分界线,裂隙水补给中深层地下水按补给边界处理;北部以产业园北边界为界,为排泄边界。顶面主要接受浅层水的越流补给;下界面与砂岩接触,裂隙岩水顶托补给中深层地下水,按补给边界处理。

4.2 主要含水层特征

中部基岩分布区由古生代碎屑岩组成,在其南侧分布有一组近东西向的徐庄断裂。沿断裂发育着挤压片理带、破碎影响带和裂隙密集带,控制着岩溶裂隙水、基岩裂隙水的形成和分布;南部和北部的丘陵区,堆积着厚度不等的第四纪松散地层,控制着孔隙水的形成和分布。

根据地下水赋存条件、水理性质及水力特征,将本区地下水划分为三种基本类型,分别为松散岩类孔隙水、碎屑岩类裂隙水、碳酸盐岩类岩溶裂隙水。根据含水介质的岩性组合特征及埋藏深度、地下水的赋存条件及水动力特征,结合本区目前的地下水开采深度,将本区含水层组划分为松散岩类浅层含水层(组)、中深层含水层(组)、碎屑岩类裂隙含水层(组)、碳酸盐岩类岩溶裂隙含水层(组)。

4.2.1 松散岩类孔隙水

4.2.1.1 浅层含水层组(埋深60 m以内)

浅层含水层组分布于产业园的南部和北部地区,由水文地质剖面图可知,岩性为黄土状粉土、粉土、粉质黏土、粉细砂及碎石土;从中部基岩区向南北两侧底板埋深逐渐增大,含水层厚度也有所增大,但浅层地下水的富水性变化不大,整体富水性差。产业园内仅分布有一个弱富水区。

弱富水区(<100 m^3/d):分布于产业园的南部及北部的丘陵区,堆积物厚度较小,地形坡度较大,冲沟众多,地下水不易赋存,仅有季节性潜水存在,含水层岩性主要为粉土,局部夹薄层粉细砂,富水性差。

4.2.1.2 中深层含水层组(埋深60~120 m)

中深层含水层组仅分布于产业园北部的黄土丘陵区,面积很小,呈东西条状展布。中深层含水层组主要由下更新统冲洪积层组成,岩性为粉细砂、细中砂。中深层地下水基本类型为承压水,其中上部60~80 m层段主要岩性为粉细砂、细中砂,中部80~100 m层段岩性为粉土和黏土,下部100~120 m层段岩性为细砂、中粗砂。含水层厚度分布较稳定,只有一个中等富水区(100~1 000 m^3/d)。

中等富水区(100~1 000 m^3/d):分布于产业园区北部的宋庙—过洞口一带。主要地层岩性为粉土、粉质黏土、粉细砂、中粗砂。含水层岩性为粉砂、细砂、细中砂、中粗砂。结构较松散,累计厚度30~40 m,富水性较好。含水层顶板埋深60~70 m,中深层与浅层含水层组间仅有呈透镜体分布的粉土和粉质黏土相隔,相互间水力联系较密切。单位涌水量37.4~64.0 $m^3/(d\cdot m)$,渗透系数1.87~3.53 m/d。

4.2.2 碎屑岩类裂隙水

产业园区可分为裸露区和覆盖区,由二叠系碎屑岩组成,含水层由多层砂岩组成,其间为泥岩相隔,相互间水力联系较差。砂岩受长期风化和构造作用影响,节理、裂隙比较发育,在构造和地形条件有利地段,形成含水地段,地下水位埋深因构造及地貌条件不同而变化较大。因断裂构造和地表水的侵蚀切割作用,形态上形成单面山,坚硬砂岩组成单面山陡坎,地下水补给条件较差,整体富水性变化不大,单井出水量在 100 ~ 1 000 m^3/d,为中等富水区。

裸露区,呈东西向长条形分布于产业园中部的万山一带,出露面积较大,上部局部分布有薄层坡积形成的碎石土,以及采石留下的厚度不等的弃土弃石。主要接受大气降水补给,地下水主要赋存于构造风化裂隙之中。在南部沟谷基岩出露地段偶见有泉水流出,泉流量 0.012 ~ 1.1 L/s,钻孔出水量一般 100 ~ 200 m^3/d。

覆盖区,岩性主要为二叠系砂岩、泥岩。上部为厚度不等的风积、坡积、冲洪积形成的粉土、碎石土和粉质黏土所覆盖,其中南部覆盖层厚度小于 60 m,北部覆盖层厚度小于 120 m。地下水埋深较大,一般在 44.11 ~ 82.0 m,最大达 138.57 m,单井出水量一般为 100 ~ 300 m^3/d,大者可达 720 m^3/d。

4.2.3　碳酸盐岩类岩溶裂隙水

产业园内碳酸盐岩类岩溶裂隙含水岩组为埋藏型。顶板主要为巨厚的二叠系和石炭系的砂岩、泥岩。其岩性为奥陶系的灰岩、页岩及寒武系的灰岩、页岩和砂岩,含水层主要为奥陶系、寒武系灰岩,厚度约 1 000 m。受构造运动影响,岩溶裂隙发育,但极不均一,水位埋深差异较大,静水位埋深在 30.65 ~ 243.8 m。富水性也不均一,单井出水量一般小于 500 m^3/d(如项沟村娘庙河组),大者可达 2 160 m^3/d(如项沟村沟脑组)。

4.3　地下水补给、径流、排泄条件

4.3.1　孔隙水的补给、径流、排泄条件

4.3.1.1　浅层地下水的补给、径流、排泄条件

1. 补给条件

浅层地下水的补给,以大气降水入渗补给为主,其次为灌溉回渗补给、河渠侧渗补给和侧向径流补给,水位变化幅度受季节影响较大。

(1)大气降水入渗补给。

大气降水入渗补给是区内浅层地下水的主要补给来源,降水入渗是浅层水形成的首要因素。大气降水入渗补给受多种因素影响,主要包括地形地貌、包气带岩性结构、地下水位埋深及降水量和降水强度等。

产业园内浅层地下水分布区为低山丘陵区,地形坡度较大,冲沟较发育,地面坡降 10% ~ 15%,在大气降水时易形成地表径流,且地下水位埋深多大于 20 m,对入渗补给较为不利。

(2)灌溉回渗补给。

灌溉回渗也是浅层地下水的补给来源之一,产业园区内因无河流、水库,主要为抽取地下水进行灌溉。灌区包气带岩性为粉土、粉质黏土,结构较疏松,有利于灌溉水的回渗。

(3)河流侧渗补给。

产业园内无水库和常年河流，只存在季节性河流（冲沟），在雨季，河流入渗补给浅层地下水。

2. 径流条件

浅层地下水径流随地形和岩性结构的不同而有差异，由于位于丘陵区，地势较高，其水位高于周边平原地下水位，由丘陵地区向周边径流。万山以北由于荥阳市城区、乔楼镇一带集中开采浅层地下水，地下水水位较低，使浅层地下水由南向北径流；万山以南浅层地下水由西向东径流出产业园。

3. 排泄条件

（1）开采排泄。

产业园区主要为机井灌溉农田，农灌井的井群密度约为5眼/km^2。同时农村人畜生活用水及小型工厂用水开采浅层地下水。因此，开采排泄成为浅层地下水排泄的主要途径。

（2）地下径流排泄。

产业园区地势中西部高，东部、南部及北部低，因此浅层地下水自中西部基岩山区向东南、北、东北径流。浅层含水层岩性为粉土、粉细砂，水力坡度一般在1/800左右，径流条件较好，地下水以水平径流排泄为主。

（3）越流排泄。

浅层水水位普遍高于中深层水水位3～10 m，因此浅层水越流补给中深层水。

4.3.1.2　中深层地下水的补给、径流、排泄条件

1. 补给条件

产业园区中深层地下水，其补给来源主要为裂隙地下水径流补给和浅层地下水越流补给。

（1）裂隙地下水径流补给。

根据产业园区地质地貌条件和中深层地下水等水位线分析，中深层地下水的侧向径流补给来自南部，南部为低山地形，裂隙地下水开采量较小，地下水位高于北部的中深层地下水10～20 m。因此，裂隙地下水向北径流补给中深层地下水。由于裂隙地下水的连通性较差，对中深层地下水的补给有限。

（2）浅层地下水、裂隙地下水越流补给。

产业园区浅层水位普遍高于中深层水位3～10 m，由于存在水头差，浅层地下水可越流补给中深层地下水。裂隙地下水水位高于中深层地下水水位10～20 m，裂隙地下水可顶托越流补给中深层地下水。

2. 径流条件

天然条件下，中深层地下水自南向北径流，与地形坡降一致，水力坡度1.2‰～3.1‰。含水层颗粒较粗，地下水径流条件较好。

3. 排泄条件

侧向径流排泄和人工开采排泄是中深层地下水的主要排泄方式。

（1）开采排泄。

产业园区内存在大量农村集中供水井、农灌井开采中深层地下水。

(2)地下水径流排泄。

中深层地下水整体自南部低山丘陵区向北部丘陵、平原区径流排泄。低山丘陵区地势高,中深层地下水向北部地势相对低处排泄,含水层岩性较粗,以粉细砂、中粗砂为主,水力坡度一般在 1/500 左右,径流条件好,地下水水平径流排泄量较大。

4.3.2 碎屑岩类裂隙水的补给、径流、排泄条件

1. 补给条件

碎屑岩类裂隙水补给来源为大气降水的垂直入渗和上层松散岩类孔隙水渗入补给。

2. 径流条件

碎屑岩类裂隙水径流条件差,含水层结构致密,裂隙不发育且连通性差,地下水一般只能沿层面倾斜方向运动,在沟谷切割较深基岩出露地段,以泉的形式排出。

3. 排泄条件

裂隙地下水含水层的连通性较差,侧向径流排泄条件也较差,产业园内以人工开采和泉水排泄为主。

4.3.3 碳酸盐岩类岩溶裂隙水的补给、径流、排泄条件

1. 补给条件

该层地下水由于埋藏深、距离补给区较远,因此地下水的补给主要来自南部边界的径流补给。

2. 径流条件

由于补给区距离产业园较远,地下水向北部和东北部方向径流,逐渐进入覆盖区和产业园处的埋藏区,径流坡度较大。天然状态下,在庙子一带顶托越流补给松散层,形成岩溶上升泉群。由于受其北部的崔庙煤矿、王河煤矿等矿井排水的影响,煤矿周围现形成地下水降落漏斗。煤矿的排水改变了地下水径流方向,使向北、东北部径流的大部分地下水向漏斗中心汇集。由于径流条件的改变和水头的大幅下降,在灰岩覆盖区庙子一带,受岩溶水顶托补给形成的岩溶上升泉群,因煤矿的排水而大量消失、干涸。

3. 排泄条件

据本次研究,产业园内目前打有地热井 2 眼,但都没有开采运行,因此岩溶地下水的排泄主要为径流。

4.4 各含水层之间的水力联系

4.4.1 松散岩类浅层水与中深层地下水水力联系

浅层与中深层地下水只在产业园区的北部丘陵区同时存在,主要分布于宋庙、张王庄、过洞口等村一带,浅层含水层以粉土为主,局部含粉细砂,与中深层地下水之间仅有粉土、粉质黏土以透镜体状相隔,二者水力联系较密切。通过本次调查,浅层地下水水位高于中深层,二者水头差一般 3~10 m,浅层水可越流补给中深层水。

4.4.2 松散岩类孔隙水与碎屑岩类裂隙水水力联系

在产业园区南部的王家庄、沟脑等村，松散层厚度小于60 m，下部与碎屑岩类直接接触。由于碎屑岩类裂隙较发育，因此松散层孔隙地下水以渗漏方式补给碎屑岩类裂隙水。北部的宋庙、过洞口一带，裂隙地下水水位高于中深层地下水水位10～20 m，向中深层地下水顶托补给。

4.4.3 碎屑岩类裂隙水与碳酸盐岩类岩溶裂隙水水力联系

碳酸盐岩类在产业园内为埋藏型，上覆的二叠系砂岩含水层与其有多层泥岩阻隔，因此二者基本不产生水力联系。在调查中发现，碎屑岩类裂隙水埋深在40～60 m，碳酸盐岩类岩溶水埋深在30～250 m，水位相差较大，也说明受二叠系多层泥岩的阻隔，二者基本无水力联系。

4.5 地下水动态特征

4.5.1 松散岩类孔隙水地下水动态

4.5.1.1 浅层地下水动态特征

1. 动态变化类型

(1)气象－开采型。

气象－开采型主要受降水入渗补给，人工开采排泄。由于地下水埋藏较深，蒸发微弱，地下水位变化受降水和开采控制(见图4-1)，因地下水埋深较大，水位变化滞后于降水一段时间。

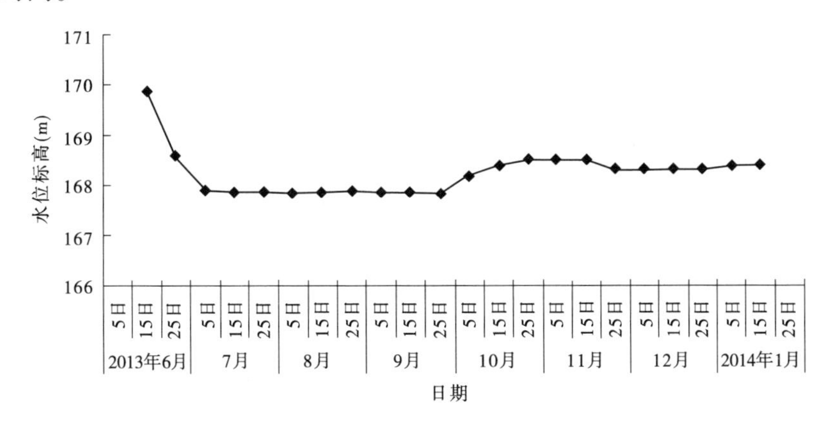

图4-1 崔庙镇冯村井水位过程线

汛前由于人工开采地下水，使水位下降。汛期降水补给地下水，使水位上升。汛后无开采时，地下水位基本保持稳定。这种类型主要分布在产业园南部的南沟、项沟、关庄一带等集中开采区，人工开采成为地下水的主要排泄方式。

(2)气象－径流－开采型。

地下水以降水入渗及径流补给为主,排泄方式为人工开采,1～2 月由于地下径流补给,使水位上升。之后因人工开采,使地下水位下降,降水入渗又使水位上升。此类型主要分布在北部丘陵区的宋庙、过洞口、韩村一带。

2. 浅层地下水位多年动态变化

产业园区内多年浅层地下水位呈现持续下降趋势,主要因为农业井灌的发展速度较快,农灌井大量开采浅层地下水。浅层地下水开采消耗量较大,地下水径流缓慢,补给量不足,导致浅层地下水水位持续下降。据调查,浅层地下水水位平均埋深由 1994 年的 15～30 m增加到 2013 年的 20～40 m。

4.5.1.2 中深层地下水动态特征

1. 动态变化类型

中深层地下水动态受气象因素、径流和人工开采控制。丰水期浅层地下水水位迅速上升,但中深层地下水动态变化不如浅层水敏感,随季节变化较迟缓,水位回升稍有滞后。在人为开采因素影响下,开采量增大,则地下水位下降。根据地下水动态长观资料分析,中深层地下水水位在年内的动态变化主要为径流－开采型。

在宋庙、韩村一带,因受北部上街－荥阳市城区的开采影响(已形成降落漏斗),地下水坡度较大,含水层颗粒较粗,地下水向北、北东方向径流较快;区内较多集中供水井、农灌井开采中深层地下水,中深层地下水水位大幅下降。受径流、开采影响,地下水位持续下降。

2. 中深层地下水位多年动态变化

产业园区内中深层地下水的多年大量集中开采,使得中深层地下水水位呈现持续下降趋势。据调查,中深层地下水集中开采始于 20 世纪 80 年代,地下水水位持续下降,到 90 年代中深井呈明显增加趋势,平均地下水埋深由 1994 年的 30～55 m 增加到 2013 年的 45～70 m。局部水位埋深为 110 m。由于径流补给的不足,开采井降深增大,多个集中供水井动水位埋深已经大于 70 m。

4.5.2 碎屑岩类裂隙地下水动态

自 20 世纪 90 年代以来,产业园区开采本层地下水的集中供水井和农灌井逐渐增多,加之南部徐庄煤矿、崔庙煤矿、王河煤矿、顺发煤矿等矿区对地下水的大量排水,地下水持续下降。据调查,20 世纪 90 年代初水位埋深在 30～40 m,到 2013 年 10 月地下水埋深一般在 44～82 m,最大达 139 m。

4.5.3 碳酸岩盐类岩溶裂隙地下水动态

受矿井排水和开采的影响,岩溶地下水水位大幅下降,部分灰岩井被疏干或半疏干。通过对地下水动态进行调查,自徐庄煤矿、崔庙煤矿、王河煤矿、顺发煤矿等矿区开采以来,地下水呈明显下降趋势。随着矿区开采深度的加深和排水量的增大,地下水水位持续下降,已形成以矿区为中心的漏斗区,且已影响到产业园区。目前产业园内无开采,地下水水位呈现下降趋势,反映了岩溶水系统为消耗型岩溶水的特征。

4.6　丁店水库水文地质调查

丁店水库位于荥阳市乔楼镇丁店村，距离中原西路 5 km。修建在淮河流域贾鲁河系索须河支流索河上游，是郑州市境内第二大水库，控制流域面积 150 km^2，总库容 6 065 万 m^3。水库上游有老邢、竹园、三仙庙三座小型水库，下游有楚楼、河王两座中型水库；荥阳市城区、省会郑州、陇海铁路、郑西高铁、310 国道、连霍高速、南水北调中线工程等均分布在其下游。由于其地理位置特殊，2005 年被国家防总确定为河南省 27 座重点中型防洪工程之一。丁店水库修建于 1957 年。2001 年 4 月丁店水库工程进行了部分除险加固，主要完成了溢洪道明渠段、进口段护砌及一级陡坡消能工程。丁店水库主体工程由大坝、溢洪道、输水洞三大件组成。其中大坝长 1 170 m，最大坝高 35.5 m，平均坝顶宽度 5 m；溢洪道长 1 275 m、宽 50 m；输水洞长 256 m。丁店水库防洪标准为 100 年一遇洪水设计，2 000 年一遇洪水校核。它是一座以防洪减灾、城市饮用水储备、工业及生态用水、旅游开发等为一体的综合性水利工程。

据调查，丁店水库的来水主要为南部煤矿的矿坑排水和大气降水，随着近年来大部分煤矿的关闭和降水量的减少，水库水位下降，水量减少（见图 4-2、图 4-3）。据本次采集水样分析，水库水质较差（为Ⅳ类水质），水化学类型为 $SO_4 \cdot HCO_3 - Ca \cdot Mg$ 型，超标离子主要有亚硝酸盐、氨离子。目前水库水主要用于周围的绿化和少数工业用水，用水量约 1 000 m^3/d。

图 4-2　丁店水库坝址处

图 4-3　丁店水库上游

第5章　区域工程地质条件

5.1　地形地貌

荥阳市地处豫东平原和豫西黄土丘陵的过渡带，南、西、北三面低山丘陵环绕，中间为开阔微倾斜的冲积平原，总地势由南西向北东倾斜，坡降变化大，近山区为10%～15%，风洪积倾斜平原区为2%～3%，冲洪积平原为0.5%～1.5%。区内地貌依其成因、物质组成和形态特征，可划分为流水地貌和黄土地貌两大类（见图5-1），其中，流水地貌又分为侵蚀的和堆积的两种，其特征现分述如下。

5.1.1　流水地貌

5.1.1.1　侵蚀的流水地貌

（1）低山区。位于区内西南部，岩性由寒武系、奥陶系碳酸盐岩及二叠系紫红色砂页岩组成，碳酸盐岩山区，山峰林立，悬崖峭壁，沟谷深切，主峰西尖山、马头山、青峰寨，塔山近东西向排列，标高544.9～854.1 m，西高东低，相差300余米。砂页岩低山区分布在高山乡以南的松树岭、余顶和五云山、三山、万山、岵山一带。山体呈近东西向展布，高度由西向东明显减小，标高292.8～589.4 m，且以南陡北缓的单面山为主体，缓坡多被第四系松散层覆盖，冲沟密布，切割深度一般10～30 m。

（2）丘陵区。分布在刘河、崔庙、贾峪等地，呈近东西向长条形，除沟谷中见零星基岩出露外，多被第四纪坡洪积物覆盖，标高170～280 m，区内地形相对平缓，土岗较多，冲沟切割深度一般10～15 m。

5.1.1.2　堆积的流水地貌

（1）冲洪积倾斜平原区。分布在广武、晏曲、高村、王村、后新庄一带，地表岩性为上更新统亚砂土、亚黏土，河谷切割深度5～10 m，河道弯曲，两岸坡陡立，区内冲沟不发育，地势较平坦，坡降0.5%～1.5%，标高105～140 m。

（2）河谷平原区。分布在汜河两侧及邙山以北的黄河南岸，汜水河河谷宽200～600 m，岩性为全新统砂砾石和亚砂土、亚黏土等，河谷两侧断续分布有一级阶地，高出河床2～5 m，阶面平坦，标高110～130 m。黄河河谷岩性为全新统粉细砂、亚砂土及亚黏土，其上分布有砂垄和网状漫流等微地貌，滩区高于河床2 m左右，一般洪水不淹没。

5.1.2　黄土地貌

黄土丘陵区分布在北部邙山和西南部山前地带，地表岩性为上更新统黄土及黄土状土，标高140～260 m，冲沟较发育，切割深度大于15 m，主冲沟与支沟多数呈直角相交，区内漏斗、陷穴、碟形凹地等微地貌发育，北部黄河岸边多见直立黄土陡壁、崩塌和滑坡。

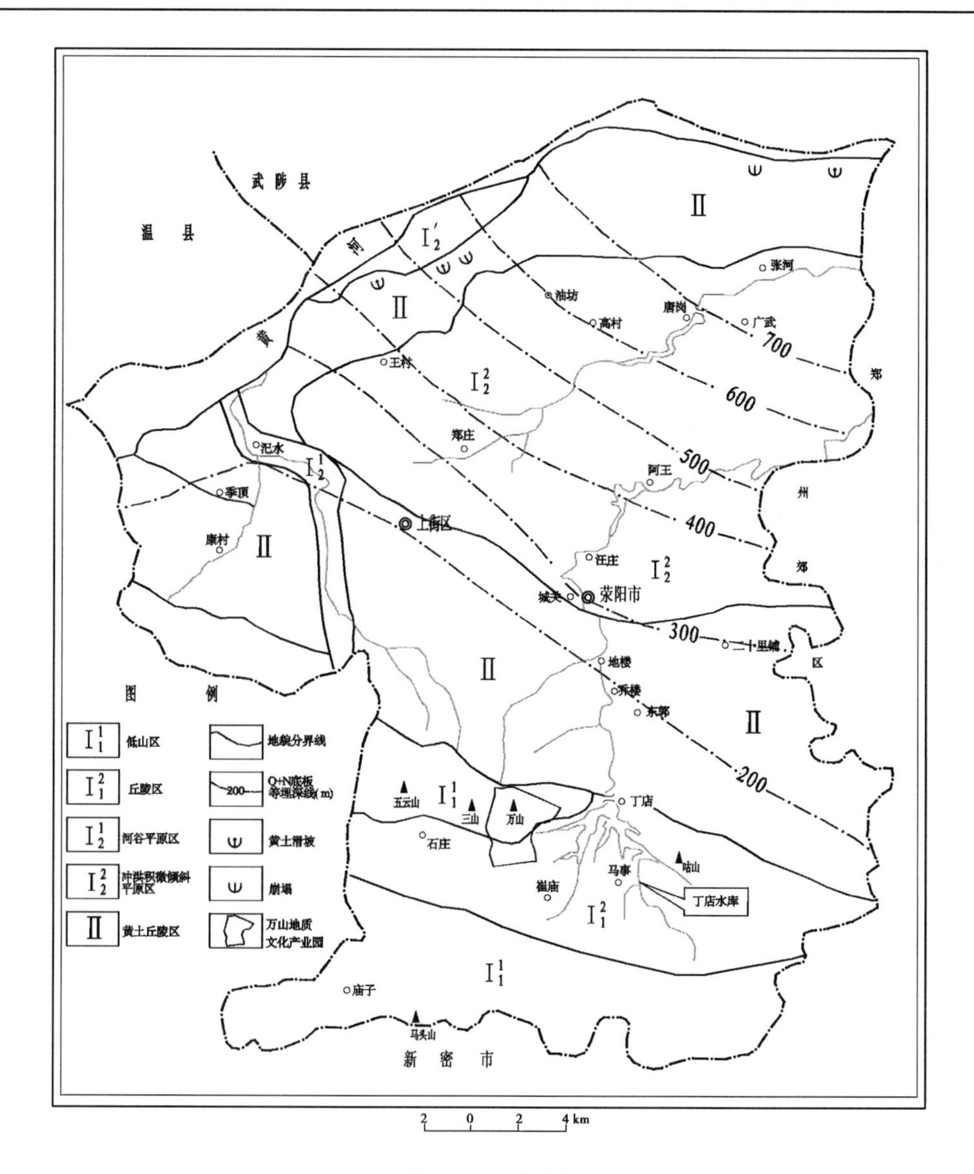

图5-1　区域地貌

5.2　地层岩性

5.2.1　地层

区内除志留系、泥盆系、三叠系、侏罗系、白垩系外，自上元古界至新生界均有分布，南部山区由老到新出露晚元古代震旦系石英岩、石英砂岩，寒武系灰岩、页岩、板状灰岩、鲕状白云质灰岩、白云岩，奥陶系石灰岩，石炭系砂页岩、灰岩及煤、铝土矿，二叠系砂岩夹煤、第三系砂岩、黏土岩、泥灰岩等。

5.2.2 岩性

现由老到新叙述如下。

1. 马鞍山组($P_{t3}m$)

研究区深部基岩为中元古界五佛山群马鞍山组。主要岩性为紫红、浅肉色厚层石英岩状砂岩,底部为砾岩。厚度约 120 m。

2. 辛集组($\in_1x$)

主要岩性为砖红色薄层细砂岩,粉砂质泥晶白云岩、粉晶白云岩。厚度约 10 m。

3. 朱砂洞组($\in_1z$)

主要岩性为深灰色厚层豹皮状粉晶白云质灰岩、粉晶白云岩。厚度约 30 m。

4. 馒头组($\in_1m$)

主要岩性下部为紫红、黄绿色条带状泥晶灰岩,上部为紫红色页岩夹条带状泥晶灰岩。沉积厚度约 120 m。

5. 毛庄组($\in_2m$)

主要岩性为暗紫红色砂质页岩、页岩夹粉砂岩及深灰色灰岩。沉积厚度约 60 m。

6. 徐庄组($\in_2x$)

主要岩性为深灰色核形石灰岩、鲕状灰岩、紫红色页岩、海绿石砂岩。沉积厚度约 90 m。

7. 张夏组($\in_2z$)

张夏组分上、下两段。上段深灰色厚层状鲕粒细晶白云岩、细晶白云岩。厚度约 110 m。下段深灰色厚层鲕粒灰岩、花斑状泥晶灰岩、细晶灰岩。沉积厚度约 50 m。该组总厚度约 160 m。

8. 崮山组($\in_3g$)

岩性为灰黄色薄层泥质条带泥晶白云岩、灰色厚层细晶白云岩。沉积厚度约 30 m。

9. 长山组($\in_3c$)

岩性为灰黄色薄层泥质细晶白云岩。沉积厚度约 20 m。

10. 凤山组($\in_3f$)

长山组上覆凤山组,岩性为灰白色厚层含燧石条带细晶白云岩。沉积厚度约 70 m。

11. 下马家沟组(O_2m)

岩性上部为中厚层细晶白云质灰岩,中部为浅灰色致密灰岩,下部为灰黄色薄层含砾砂岩、白云岩。厚度约 40 m。

12. 石炭系(C)

(1)上石炭统本溪组(C_2b)。

下段(C_2b_1):深灰色泥岩夹灰色铝土泥岩,下部含黄铁矿较多,形成下层黄铁矿层,厚 1.41 ~ 11.21 m。

上段(C_2b_2):岩性为灰色铝土泥岩,中上部为铝土矿或耐火黏土矿,厚 2.38 ~ 10.55 m。

(2)上石炭统太原组(C_2t)。

下段(C_2t_1):底部为煤层(一$_1$煤层),厚0.69～1.70 m;煤层之上为生物灰岩,厚8.75～14.96 m。

上段(C_2t_2):以碎屑岩为主,底部为燧石层、煤线和泥质粉砂岩,中部为中粗粒石英砂岩、含黄铁矿颗粒和团块,上部为灰色泥质细砂岩、砂质泥岩,顶部普遍有一层生物碎屑灰岩。本段厚10.85～25.03 m。

13. 二叠系(P)

(1)下二叠统山西组(P_1s)。

由灰—深灰色泥岩、砂质泥岩、粉砂岩、中细粒砂岩和煤层组成,为井田内主要含煤层位,含煤层1～2层,其中二$_1$煤层为主要可采煤层。

本组厚度60.08～75.75 m,平均68.40 m。与下伏地层呈整合接触。

(2)下二叠统下石盒子组(P_1x)。

下自砂锅窑砂岩底面,上至田家沟砂岩底面,由灰—深灰色泥岩、砂质泥岩、铝土质泥岩、粉砂岩及细中粒砂岩和煤层组成。含三、四、五、六四个煤段,厚224.11～283.19 m,平均厚255.19 m。与下伏地层呈整合接触。

(3)上二叠统上石盒子组(P_2s)。

由灰绿色、灰色、紫灰色泥岩、砂质泥岩、中粗粒砂岩及薄煤层组成。底部为浅灰—灰白色中粗粒石英砂岩(俗称田家沟砂岩),为上、下石盒子组分界的良好分界标志层。下部以浅灰、灰色细中粒砂岩为主,次为泥岩、砂质泥岩、粉砂岩薄层及铝土质泥岩,可见菱铁矿鲕粒,具暗紫斑;中上部以灰色泥岩、砂质泥岩为主,夹细中粒砂岩、泥岩,具暗紫斑块。本组厚度267.37～293.15 m,平均279.37 m。与下伏地层呈整合接触。

14. 第四系(Q)

(1)下更新统(Q_1^{al-pl})。

可分为上、中、下三段,下段为棕红、紫红色夹灰绿、灰白色斑块的硬黏土夹中细砂、砂砾石层,总厚90～120 m,最大厚度达200 m。本段底部多为砂石、黏土层,与下伏第三系呈平行不整合接触。

下段硬黏土致密坚硬,层理清晰,含铁锰质结核及钙核,局部夹透镜状粉砂或半胶结砂砾石,砾石成分多见石英岩、砂岩、灰岩等,直径小于3 cm,浑圆状,硬黏土单层厚10～25 m,大者厚38 m。中细砂、砂砾石层结构疏松,局部半胶结状,显层理,单层厚5～15 m,最厚达26 m,具下粗上细的特点。中段为棕色、棕红色黏土与砂质黏土和黄褐色砂砾石层互层。黏土致密,含钙核和铁锰质结核,具灰绿、灰白色团块或斑点,局部含砾石,单层厚15～20 m。砂砾石松散饱水,具上细下粗特征,砾石直径一般3～5 cm,大者7～10 cm,单层厚18～25 m,最厚达40 m。上段呈褐黄、灰黄、灰白色,岩性为粉细砂、中细砂、砂砾石,与棕红、红色厚层状黏土或砂质黏土等厚互层。砂类土单层厚10～25 m,结构疏松,局部半胶结,砾径1～5 cm,成分以石英岩、砂岩为主,次为灰岩,钙核,多见风化长石白点。黏土类土单层厚10～15 cm,最厚达25 m,致密,具水平层理,含钙核,直径1～3 cm,次圆状,表面浅灰白色,新鲜面褐灰、棕褐色,可见次生溶蚀现象,铁锰质侵染明显,并有小结核。

(2)中更新系(Q_2^{al-l})。

主要岩性为浅棕红、黄褐色亚黏土或亚砂土,含钙核,常富集成层,见铁锰质浸染。夹含砾黏土或亚砂土、砂透镜体。本层底部为砂、砂砾层,厚度5~10 m,总厚30~50 m。

(3)上更新统(Q_3^{al-pl}、Q_3^{al})。

冲洪积平原区(Q_3^{al-pl})岩性上部为灰黄色亚砂土及灰褐色亚黏土夹粉细砂或灰黑、褐灰色黏土透镜体。下部为黄褐色亚砂土夹砂层,底部也可见砂层,厚度40~60 m。

黄河河谷区(Q_3^{al})岩性主要为中砂、中粗砂、粗中砂含砾石,局部夹细砂透镜体,砾石直径一般0.5~1.5 cm,大者3~5 cm,磨圆度好,呈浑圆状,底板埋深56.2~65.2 m,厚度30~36 m。

(4)全新统(Q_4^{al}、Q_4^{al-pl})。

分布于汜水河和黄河谷区,汜水河河谷区岩性为亚砂土、砂卵砾石层,黄河河谷区为细砂、粉细砂、亚砂土夹亚黏土薄层,厚度一般5~10 m,最厚达20 m。

5.3 地质构造

5.3.1 地质构造

本区位于嵩山隆起与华北沉降带衔接地带,地处荥巩复背斜北侧,构造线近东西向展布,轴部地带西高东低,翼部呈单斜构造,岩层走向SE102°~108°,倾向NE12°~18°,倾角10°~15°,在邢村—竹园一线以北倾伏于新生代地层之下,形成新生代沉积盆地(区域上属开封凹陷)。

区内断裂构造发育(见图5-2),主要发育近东西向、北西向、北东向三组。近东西断裂多属压性,结构面多呈舒缓波状,阶步明显,擦痕较多,倾向北,倾角30°~70°,较大的断裂有大阴沟断裂、徐庄断裂、王宗店断裂、上街断裂,张性断裂也有发育,如函峪岗断裂等。北东向与北西向两组斜交张扭性断裂,前者如李新寨断裂、须水断裂、汜水断层、广武断层,后者如郭小寨断层。

5.3.2 新构造运动

新构造运动严格控制着区内地下水的赋存和分布规律,其表现形式主要为差异性升降运动,新生代以来,南、西部长期持续抬升,遭受流水侵蚀,形成基岩山地地貌景观,凹陷区长期相对下降,接受沉积,形成平原地貌景观,为孔隙水富集提供了良好的储存空间。

从沉积物的岩性、岩相、厚度分析,具多旋回沉积特征,显示出升降运动的差异性。早更新世凹陷区以沉降为主,在新第三纪湖相沉积的基础上普遍沉积厚200 m左右的河湖相地层,中更新世开始缓慢上升,凹陷区继续接受河湖相沉积。与此同时,在北部丘陵区和山前地带,接受了风成堆积,并夹有数层古土壤,表现出升降运动中伴有相对稳定的时期。到中更新世的晚期,黄河形成。晚更新世,山区仍继续上升,在部分丘陵区及山前地

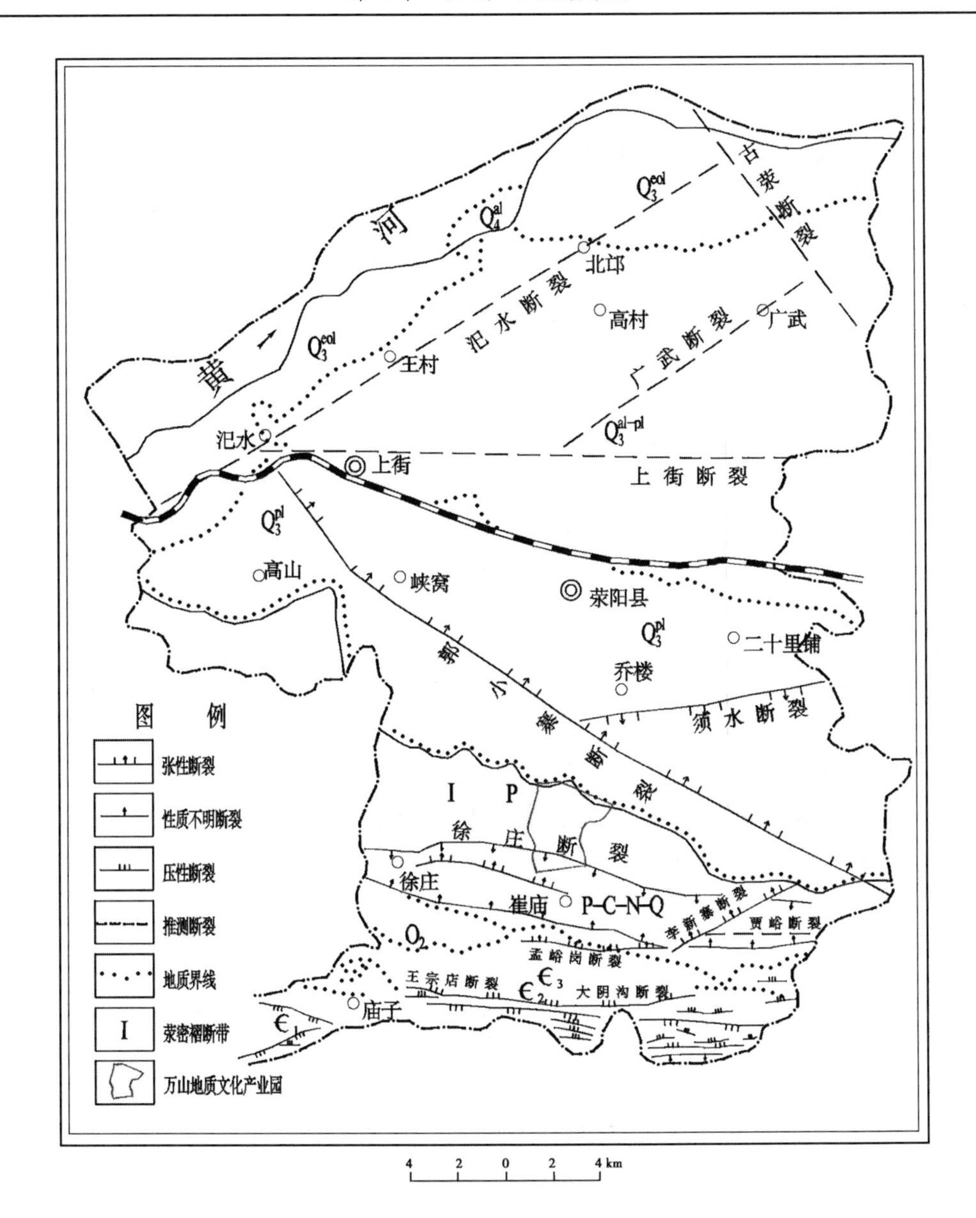

图 5-2 区域构造

带又加积了风成黄土。平原区接受冲洪积相堆积,在黄河河谷沉积了粗颗粒相的冲洪层。全新世以来,本区逐渐抬升,脱离沉积环境,河流区下切,仅在黄河及汜水河区接受河流冲积、冲洪积堆积,厚度 5 ~ 10 m,最厚达 20 m。

第6章　研究区工程地质条件

6.1　研究区地形地貌

研究区北部为万山，属低山地貌单元，地面高程331.21~497.05 m，大体分布于万山南坡坡腰所在的近东西向道路以北地段，位于西片区崖壁瀑布及悬挑平台、东片区崖壁瀑布及悬挑平台等建筑部位。该低山区域地表大多覆盖小于1 m的残坡积混合土，较多地段地表基岩出露。沿着山间近东西向道路北侧有较多断续分布的采石场，采石场一般崖壁近直立，采石陡壁高度10~30 m，基岩裸露，壁面上节理、裂隙、层理等结构面较为发育，较多部位采石陡壁上存在小型崩塌，陡壁下方崩塌体体积17~135 m^3。

研究区中部、西南部为丘陵地貌单元，地面高程245.25~346.85 m，分布于场地中部、西部及西南部地段。该丘陵区域在场地西北部、西南部及中部零星出露基岩。大体沿着地质大院地质博物馆以北、以西两条界限，界限东北为黄土丘陵，基岩上覆黄土层厚度1.8~9.0 m，场地西北、西南部位的丘陵地段基岩上覆碎(块)石土厚度1.2~10.0 m。该地段分布滑坡、局部小型黄土崩塌、小型窑洞塌陷等不良地质。

研究区东南部为丘陵间洼地地貌单元，地面高程222.69~289.06 m，大体分布于场地南部原有冲沟，东南部地势整体相对低洼地段，位于拟建水系、VIP综合服务中心、游客服务中心、职业技术学院综合教学楼及接待中心等地段。

6.2　研究区地层岩性及其物理力学性质参数

6.2.1　研究区地层岩性

根据场地野外钻探和静力触探试验结果，研究区30 m勘探深度内的地层按地层的成因类型、岩性及工程地质特性将其划分为12个工程地质单元层，分述如下：

第①层(Q_3^{al+pl})：粉土，浅黄色—褐黄色，稍湿，稍密—中密，表层有少量杂填土或耕植土，见较多植物根系，孔隙发育，见少量小钙质结核，见较多钙质斑点，步道三82#孔附近该层粉土含大量钙质结核。

第②层(Q_3^{al+pl})：粉土，浅黄色—褐黄色，稍湿，中密—密实，稍有黏性，夹有粉质黏土薄层，孔隙较发育，含较多钙丝及钙质结核，钙核直径1~5 cm，最大直径约10 cm。

第③层(Q_3^{al+pl})：粉土，褐黄色—黄褐色，稍湿，中密—密实，黏粒含量较高，见少量铁锰质斑点，见较多钙质结核，钙核直径1~5 cm。

第④层(Q_2^{al+pl})：粉质黏土，浅褐红色，可塑—硬塑，切面稍有光泽，含有铁锰质斑点及大量钙质结核，钙核直径2~8 cm。

第⑤层(Q_2^{dl+el}):碎石,褐黄色—褐红色,稍密—中密,含大量碎石,碎石直径 5 ~ 10 cm,碎石含量 40% ~85%,以粉土或粉质黏土充填,含少量块石。8# ~18#、30# ~32#孔等部分地段,由于岩石开采及道路施工,上部为人工形成的矿渣。

第⑥层(Q_2^{dl+el}):块石,灰绿色—紫红色,中密—密实,块石直径 20 ~60 cm,含量占 70% ~90%,以少量粉土或粉质黏土充填。

第⑦层(P_2^3sh):强风化砂岩,二叠系上统石千峰组上段,紫红色,砂质结构,层状构造,岩芯风化呈块状或短柱状,柱长 5 ~10 cm,锤击声哑,垂直节理发育。主要矿物成分为长石、石英及云母等。岩体呈裂隙块状结构,为破碎状态,RQD 值 50% 左右。

第⑧层(P_2^3sh):中风化砂岩,二叠系上统石千峰组上段,紫红色,砂质结构,层状构造,岩芯呈柱状,柱长 15 ~30 cm,锤击声清脆,垂直节理较发育。主要矿物成分为长石、石英及云母等。岩体呈裂隙块状或中厚层状结构,为较破碎—较完整状态,RQD 值 80% 左右。

第⑨层(P^2sh):强风化泥岩,二叠系上统石千峰组中段,紫红色,泥质结构,层状构造,岩芯风化呈碎块状或块状,块径 2 ~9 cm,锤击声哑,主要矿物成分为黏土矿物,含少量云母碎片。岩体呈碎裂状结构,为破碎状态,RQD 值 20% 左右,局部夹有灰绿色砂岩。

第⑩层(P_2^2sh):中风化泥岩,二叠系上统石千峰组中段,紫红色,局部为灰绿色,泥质结构,层状构造,岩芯呈柱状,柱长 10 ~20 cm,锤击声哑,主要矿物成分为黏土矿物,含少量云母碎片。岩体呈层状结构,为较破碎—较完整状态,RQD 值 35% 左右。

第⑪层(P_1^1sh):强风化砂岩,二叠系上统石千峰组下段,灰绿色,砂质结构,层状构造,岩芯风化呈块状或短柱状,柱长 5 ~10 cm,锤击声哑,垂直节理较发育。主要矿物成分为长石、石英及云母等。岩体呈裂隙块状结构,为破碎状态,RQD 值 50% 左右,局部夹有紫红色砂质泥岩。

第⑫层(P_2^1sh):中风化砂岩,二叠系上统石千峰组下段,灰绿色,砂质结构,层状构造,岩芯呈柱状,柱长 15 ~40 cm,锤击声清脆,垂直节理较发育。主要矿物成分为长石、石英及云母等。岩体呈块状结构,为较破碎—较完整状态,RQD 值 75% 左右。

各土层空间分布如表 6-1 所示。

表 6-1　各土层空间分布　(单位:m)

地层编号	时代成因	岩土名称	项次	层厚	层顶高程	层底高程	层顶深度	层底深度
①	Q_3^{al+pl}	粉土	统计个数	117	121	117	121	117
			最大值	4.80	411.73	411.43	0	4.80
			最小值	0.20	232.07	229.07	0	0.20
			平均值	1.33	283.22	282.85	0	1.33
②	Q_3^{al+pl}	粉土	统计个数	52	56	52	56	52
			最大值	8.70	318.70	317.23	4.80	10.40
			最小值	1.20	233.66	231.86	0.30	1.80
			平均值	3.41	255.37	251.54	1.68	5.03

续表 6-1

地层编号	时代成因	岩土名称	项次	层厚	层顶高程	层底高程	层顶深度	层底深度
③	Q_3^{al+pl}	粉土	统计个数	32	34	32	34	32
			最大值	4.20	265.40	264.10	10.4	12.4
			最小值	0.50	235.90	233.30	0	1.30
			平均值	2.04			4.73	6.54
④	Q_2^{al+pl}	粉质黏土	统计个数	16	16	16	16	16
			最大值	4.00	360.90	359.50	9.60	11.50
			最小值	0.40	231.90	229.20	0	1.10
			平均值	2.52	254.90	252.50	3.15	5.67
⑤	Q_2^{dl+el}	碎石	统计个数	63	67	63	67	63
			最大值	7.70	413.73	413.06	5.70	10.2
			最小值	0.30	234.55	234.34	0	0.30
			平均值	2.47	330.36	324.47	0.92	3.42
⑥	Q_2^{dl+el}	块石	统计个数	35	53	35	53	35
			最大值	7.50	411.43	404.26	6.00	10.00
			最小值	0.50	256.45	255.95	0	1.80
			平均值	2.75	334.36	321.03	2.07	4.58
⑦	P_2^3sh	强风化砂岩	统计个数	4	10	4	10	4
			最大值	6.90	404.26	401.96	9.30	16.20
			最小值	2.30	356.09	353.49	4.20	9.40
			平均值	4.52	378.15	373.65	7.06	11.48
⑧	P_2^3sh	中风化砂岩	统计个数		4		4	
			最大值		401.90		16.20	
			最小值		353.50		9.40	
			平均值		373.70		11.50	

续表 6-1

地层编号	时代成因	岩土名称	项次	层厚	层顶高程	层底高程	层顶深度	层底深度
⑨	P^2sh	强风化泥岩	统计个数	23	57	23	57	23
			最大值	18.30	335.47	326.80	12.40	25.20
			最小值	0.50	233.95	255.40	0	1.00
			平均值	3.93	271.77	270.38	3.87	7.72
⑩	P_2^2sh	中风化泥岩	统计个数		19		19	
			最大值		296.71		25.27	
			最小值		255.44		3.80	
			平均值		268.62		8.27	
⑪	P_1^1sh	强风化砂岩	统计个数	41	64	41	64	41
			最大值	9.90	413.06	411.05	11.52	13.14
			最小值	1.30	229.14	227.13	0.50	2.70
			平均值	3.23	271.83	257.54	5.14	8.02
⑫	P_2^1sh	中风化砂岩	统计个数		43		43	
			最大值		411.03		13.10	
			最小值		227.08		2.70	
			平均值		257.73		8.06	

6.2.2 各层土物理力学性质指标

6.2.2.1 各层土物理性质指标

经室内土工试验成果分析筛选,按《岩土工程勘察规范》(GB 50021—2001)(2009 年版)第 14.2.2 条进行统计计算,结果见表 6-2。

6.2.2.2 岩石物理力学试验指标

经室内土工试验成果分析筛选,按《岩土工程勘察规范》(GB 50021—2001)(2009 年版)第 14.2.2 条进行统计计算,结果见表 6-3。

表 6-2　各层土物理性质指标一览表

层号	岩性	特征值	含水量 ω（%）	土粒比重 G_S	孔隙比 e	重度 r（kN/m^3）	干重度 r_d（kN/m^3）	饱和度 S_r（%）	液限 ω_L（%）	塑限 ω_P（%）	液性指数 I_L	塑性指数 I_p
①	粉土	样本数	26	27	26	29	36	28	28	28	28	27
		最大值	9.7	2.71	1.085	17.1	17.4	28.1	29.6	19.4	-0.88	9.9
		最小值	2.9	2.69	0.774	12.7	12.1	6.7	22.6	14.6	-1.80	6.7
		平均值	5.9	2.71	0.919	15.3	14.5	18.2	25.4	16.5	-1.26	8.4
		标准差	1.615	0.007	0.087	0.972	1.001	6.184	1.738	1.193	0.262	0.936
		变异系数	0.236	0.003	0.094	0.065	0.059	0.324	0.072	0.072	-0.194	0.111
		标准值	5.9	2.7	0.949	14.7	13.9	18.7	24.4	16.1	-1.25	8.1
②	粉土	样本数	33	35	31	32	37	32	35	35	35	33
		最大值	13.1	2.72	1.065	17.6	16.6	49.8	30.4	19.9	0.26	9.6
		最小值	4.9	2.69	0.74	14.1	13.1	16.8	22.8	15.5	-1.65	8.3
		平均值	10.0	2.71	0.894	15.9	14.5	31.5	26.8	17.4	-0.83	9.5
		标准差	2.156	0.007	0.092	0.845	0.857	7.888	1.744	1.065	0.333	0.658
		变异系数	0.217	0.003	0.103	0.053	0.059	0.239	0.065	0.061	0.417	0.069
		标准值	10.6	2.71	0.923	15.6	14.3	35.5	26.3	17.1	-0.92	9.3

续表 6-2

层号	岩性	特征值	含水量 ω (%)	土粒比重 G_S	孔隙比 e	重度 r (kN/m³)	干重度 r_d (kN/m³)	饱和度 S_r (%)	液限 ω_L (%)	塑限 ω_P (%)	液性指数 I_L	塑性指数 I_p
③	粉土	样本数	6	7	7	7	10	7	7	7	7	7
		最大值	16.1	2.72	0.976	17.8	18.5	52.9	31.3	20.4	-0.18	9.6
		最小值	6.4	2.69	0.743	16.3	13.8	21.8	20.7	13.8	-1.35	6.2
		平均值	13.1	2.71	0.848	16.7	15.5	40.2	26.9	17.7	-0.65	9.2
		标准差	1.013	0.009	0.076	0.621	1.498	8.175	3.779	2.164	0.325	1.158
		变异系数	0.019	0.002	0.09	0.037	0.097	0.11	0.141	0.122	-0.29	0.079
		标准值	15.9	2.71	0.904	16.3	14.6	58.3	24.1	16.1	-0.11	9.1
④	粉质黏土	样本数	6	6	6	6	6	6	6	6	6	6
		最大值	25.0	2.73	0.762	20.5	17.1	91.1	35.3	21.8	0.03	13.5
		最小值	11.0	2.72	0.588	19.0	15.4	77.8	29.5	18.1	-0.82	10.3
		平均值	19.3	2.72	0.668	19.7	16.3	85.2	31.7	20.6	-0.15	11.6
		标准差	3.143	0.004	0.035	0.619	0.352	5.743	2.475	1.492	0.362	1.155
		变异系数	0.097	0.001	0.019	0.031	0.008	0.067	0.078	0.075	2.35	0.099
		标准值	19.6	2.72	0.645	19.2	16.5	90.7	29.6	18.8	-0.5	10.7

注：第①、②、③层为探井样，第④层主要为钻机样。

表 6-3　岩石物理力学试验指标一览表

层号、岩性	项目	颗粒密度 P_s (g/cm³)	块体密度 (天然)ρ (g/cm³)	含水率 W (%)	抗压强度 (天然)R (MPa)	抗压强度 (饱和)R (MPa)
⑦强风化砂岩	统计个数	6	6	6	6	
	最大值	2.68	2.64	0.15	80.7	
	最小值	2.65	2.55	0.05	26.7	
	平均值	2.66	2.60	0.108	46.58	
	标准差	0.008	0.038	0.037	22.964	
	变异系数	0.002	0.014	0.337	0.493	
	标准值	2.66	2.63	0.139	27.62	
⑧中风化砂岩	统计个数	6	6	6	6	
	最大值	2.69	2.64	0.08	99.7	
	最小值	2.66	2.62	0.04	40.9	
	平均值	2.68	2.63	0.058	75.62	
	标准差	0.013	0.003	0.015	24.189	
	变异系数	0.005	0	0.256	0.32	
	标准值	2.66	2.62	0.072	52.66	
⑨强风化泥岩	统计个数	2	2	2	2	
	最大值	2.67	2.62	2.51	6.61	
	最小值	2.67	2.60	2.01	3.95	
	平均值	2.67	2.61	2.26	5.28	
⑩中风化泥岩	统计个数	6	6	6	5	1
	最大值	2.75	2.72	2.85	10.50	0.36
	最小值	2.66	2.61	1.89	3.12	0.36
	平均值	2.70	2.66	2.398	7.32	0.36
	标准差	0.039	0.048	0.352		
	变异系数	0.015	0.018	0.147		
	标准值	2.66	2.69	2.689		

续表 6-3

层号、岩性	项目	颗粒密度 P_s (g/cm^3)	块体密度(天然)ρ (g/cm^3)	含水率 W (%)	抗压强度(天然)R (MPa)	抗压强度(饱和)R (MPa)
⑪强风化砂岩	统计个数	6	6	6	3	2
	最大值	2.64	2.56	1.66	25.10	17.70
	最小值	2.58	2.51	1.15	8.48	7.55
	平均值	2.61	2.53	1.455	14.59	12.63
	标准差	0.025	0.019	0.172		
	变异系数	0.01	0.007	0.118		
	标准值	2.59	2.55	1.597		
⑫中风化砂岩	统计个数	14	14	12	7	4
	最大值	2.67	2.65	1.71	126.00	41.40
	最小值	2.60	2.51	0.06	16.60	21.60
	平均值	2.63	2.56	1.226	51.14	28.38
	标准差	0.025	0.043	0.572		
	变异系数	0.01	0.017	0.467		
	标准值	2.62	2.58	1.526		

6.2.2.3　各层土静力触探试验指标

根据《静力触探技术标准》附录三的规定，先对本场地静探孔（含静探对比孔）的原位测试成果分孔分层计算锥尖阻力和侧壁摩阻力，然后进行厚度加权平均统计，并按经验公式换算出比贯入阻力 P_s 值，计算结果见表 6-4。

表 6-4　静力触探试验指标一览表

层号	岩性	样本数	锥尖阻力 q_c(MPa)			侧壁摩阻力 f_s(kPa)			比贯入阻力 P_s(MPa)
			最大值	最小值	平均值	最大值	最小值	平均值	
①	粉土	8	3.3	1.2	1.67	78.0	18.0	31.7	1.89
②	粉土	10	5.7	3.3	3.80	111.0	66.0	79.8	4.31
③	粉土	9	4.2	1.5	2.13	135.0	66.0	83.6	3.40

6.2.2.4　各层土标准贯入试验指标

标准贯入试验击数根据使用的不同要求，分别做了实测击数的统计和经杆长修正后击数的数理统计计算，结果见表 6-5。

表 6-5　标贯试验指标一览表

层号	岩性	样本数	类别	最大值	最小值	平均值	标准差	变异系数	标准值
②	粉土	14	未经杆长修正	18.0	14.0	16.0	1.328	0.083	15.4
			经杆长修正	17.4	13.1	15.0	1.268	0.084	14.4
③	粉土	9	未经杆长修正	17.0	13.0	15.3	1.414	0.092	14.4
			经杆长修正	15.3	11.8	13.4	1.184	0.088	12.6
④	粉质黏土	8	未经杆长修正	19.0	12.0	16.7	2.375	0.142	15.1
			经杆长修正	17.1	10.5	14.0	2.682	0.174	13.6

6.2.2.5　重型动力触探指标

为利用重型动力触探试验成果判定碎石土、强风化岩的密实度，确定岩体的承载力等力学参数，本次动探试验成果按《岩土工程勘察规范》(GB 50021—2001)(2009 年版)附录 B 进行杆长修正后进行统计，结果见表 6-6。

表 6-6　各层土的重型动力触探试验指标一览表

层号	岩土名称	样本数	类别	最大值(击/10 cm)	最小值(击/10 cm)	平均值(击/10 cm)	标准差	变异系数	标准值
⑤	碎石	13	重型动探 $N_{63.5}$	30.0	15.0	21.0	3.990	0.190	19.0
			重型动探修正 $N_{63.5}$	27.4	14.7	20.4	3.982	0.195	18.4
⑥	块石	9	重型动探 $N_{63.5}$	44.0	25.0	36.0	7.200	0.200	30.0
			重型动探修正 $N_{63.5}$	37.9	22.7	30.6	6.273	0.205	26.6
⑦	强风化砂岩	6	重型动探 $N_{63.5}$	45.0	35.0	40.0	4.240	0.106	38.0
			重型动探修正 $N_{63.5}$	38.4	28.5	32.6	3.379	0.104	29.4
⑨	强风化泥岩	7	重型动探 $N_{63.5}$	35.0	22.0	29.0	5.452	0.188	26.0
			重型动探修正 $N_{63.5}$	27.9	18.1	23.7	5.165	0.191	21.6
⑪	强风化砂岩	7	重型动探 $N_{63.5}$	39.0	24.0	33.0	5.445	0.165	28.0
			重型动探修正 $N_{63.5}$	30.6	18.2	25.5	4.054	0.159	22.5

6.2.2.6　各层土的抗剪强度指标

根据《地基基础设计规范》(GB 50007—2011)附录 E 对各层土的抗剪强度指标 C_q、φ_q和 C_{UU}、φ_{UU}值进行统计，结果见表 6-7。

表 6-7　各层土的抗剪强度指标一览表

岩土编号	岩土名称	统计项目	直剪		三轴剪	
			黏聚力 C_q (kPa)(快剪)	内摩擦角 φ_q(°)(快剪)	黏聚力 C_{uu} (kPa)(不固结不排水剪)	内摩擦角 φ_{uu}(°)(不固结不排水剪)
①	粉土	统计个数	9	9	11	12
		最大值	34.9	31.7	27.3	31.0
		最小值	16.3	12.4	12.9	20.1
		平均值	26.5	24.2	21.8	28.1
		标准差	5.514	3.14	4.264	3.342
		变异系数	0.208	0.051	0.196	0.119
		标准值	23.1	29.6	19.4	26.3
②	粉土	统计个数	8	8	9	9
		最大值	38.6	27.8	29.7	29.2
		最小值	23.0	15.5	15.1	17.2
		平均值	30.5	23.6	22.8	25.4
		标准差	6.028	4.402	5.71	4.072
		变异系数	0.197	0.186	0.25	0.161
		标准值	26.5	20.7	19.2	22.8

6.2.2.7　各层土固结试验指标

为评价各层土的压缩性，确定各层土在实际受荷条件下的压缩模量，对所取原状土样按其受力情况进行了常规固结试验，其结果见表 6-8。

表 6-8　各层土压缩试验指标一览表

层号	岩性	项目	样本数	最大值	最小值	平均值	标准差	变异系数
①	粉土	a_{1-2}	20	0.16	0.08	0.115	0.024	0.208
		Es_{1-2}	20	21.75	12.44	17.26	3.000	0.174
②	粉土	a_{1-2}	22	0.14	0.07	0.093	0.023	0.244
		Es_{1-2}	22	29.50	13.74	21.24	4.637	0.218
③	粉土	a_{1-2}	6	0.14	0.08	0.108	0.029	0.273
		Es_{1-2}	6	21.02	10.95	16.55	4.768	0.288
④	粉质黏土	a_{1-2}	6	0.49	0.21	0.356	0.109	0.307
		Es_{1-2}	6	7.67	3.57	5.08	1.662	0.327

注：第①、②、③层为探井样，第④层为钻机样，由于第④层粉质黏土含钙质结核，影响土样刻取，故压缩模量偏小。

6.2.2.8 颗粒分析试验指标

对勘探深度内的粉土进行了颗粒分析试验，结果见表6-9。

表6-9 颗粒分析试验指标一览表

层号	岩性	指标	颗粒组成(%)	
			0.25～0.075 mm	<0.075 mm
①	粉土	样本数	36	36
		最大值	46.4	99.6
		最小值	0.4	53.6
		平均值	6.9	93.1
②	粉土	样本数	53	53
		最大值	22.4	99.6
		最小值	0.4	77.6
		平均值	4.5	95.5
③	粉土	样本数	11	11
		最大值	25.4	99.8
		最小值	0.2	74.6
		平均值	5.4	94.6

6.2.2.9 各层土渗透系数参数

为了确定上部土层的渗透性，对上部土层进行了渗透性试验，并结合场地渗水试验测试结果，提供各层土的渗透系数建议值，见表6-10。

表6-10 各层土渗透系数经验数值一览表 (单位：m/d)

层号	①	②
岩性	粉土	粉土
样本数	3	4
渗透系数最大值	0.041	0.038
渗透系数最小值	0.013	0.002
渗透系数平均值	0.029	0.021
渗透系数建议值	1.32	

6.2.2.10 击实试验指标

地基土重型击实试验指标见表6-11。

6.2.2.11 岩体基本质量分级

根据《工程岩体分级标准》(GB 50218—2014)第4.1.1条将本场地第⑦～⑫层岩进行岩体基本质量分级，结果见表6-12。

表 6-11　地基土重型击实试验指标一览表

名称	项目	样本数	最大值	最小值	平均值
粉土	最优含水量(%)	6	15.2	13.4	14.1
	最大干密度(g/cm³)	6	1.75	1.71	1.73

表 6-12　岩体基本质量分级一览表

层号	岩体基本质量的定性特征	岩体基本质量指标 BQ
⑦	强风化砂岩，属软岩， 岩体破碎	$BQ = 90 + 3R_c + 250K_V = 346.3$ （破碎 $K_V = 0.55$，R_c取 39.59 MPa）
	属Ⅴ级岩体	属Ⅳ级岩体
综合评价	属Ⅴ级岩体	
⑧	中风化砂岩，属较软岩， 岩体较完整	$BQ = 90 + 3R_c + 250K_V = 402.3$ （较完整 $K_V = 0.75$，R_c 取 41.59 MPa）
	属Ⅳ级岩体	属Ⅲ级岩体
综合评价	属Ⅳ级岩体	
⑨	强风化泥岩，属极软岩， 岩体破碎	$BQ = 90 + 3R_c + 250K_V = 190.8$ （破碎 $K_V = 0.4$，R_c取 0.26 MPa）
	属Ⅴ级岩体	属Ⅴ级岩体
综合评价	属Ⅴ级岩体	
⑩	中风化泥岩，属软岩， 岩体较破碎	$BQ = 90 + 3R_c + 250K_V = 194.7$ （较破碎 $K_V = 0.60$，试验结果 $R_c = 0.36$ MPa， 根据 4.2.2 条 $K_V = 0.04R_c + 0.4 = 0.414$）
	属Ⅴ级岩体	属Ⅴ级岩体
综合评价	属Ⅴ级岩体	
⑪	强风化砂岩，属软岩， 岩体较破碎	$BQ = 90 + 3R_c + 250K_V = 252.9$ （较破碎 $K_V = 0.50$，试验结果 $R_c = 12.63$ MPa）
	属Ⅴ级岩体	属Ⅳ级岩体
综合评价	属Ⅳ级岩体	
⑫	中风化砂质砂岩，属较软岩， 岩体较完整	$BQ = 90 + 3R_c + 250K_V = 350.6$ （较完整 $K_V = 0.70$，试验结果 $R_c = 28.38$ MPa）
	属Ⅳ级岩体	属Ⅳ级岩体
综合评价	属Ⅳ级岩体	

注：表中 R_c指岩石饱和单轴抗压强度，K_V指岩体完整性系数。

6.3　研究区地质构造

东西向构造体系是区内形成的最早构造,也是活动性较大的构造。其特征表现为主要由一些总体走向东西的压性、压扭性断裂构造,和与之伴生、轴向近于东西的褶皱构造组成。

本研究区在构造上属荥密大背斜的北翼,岩层走向南东70°左右,倾向北北东,倾角8°~10°,但在徐庄断层之上盘,则与下层地层相反,普遍倾向东南,倾角30°~60°。在单斜岩层中,阶梯式走向断层发育,如须水断层、孟峪岗断层、贾峪断层等。

附近主要发育有徐庄断层、孟峪岗断层、须水断层、上街断层、尖岗断层,以下分别对其进行分析。

(1)徐庄断层。从研究区南侧约1 km通过,呈东西走向,该断层构造线在平面上呈马蹄形,轴线大致与地层走向平行,断层面倾向中心,构成南北高、中间低的山间断陷盆地,在徐沟至崔庙之间,见上盘石千峰组地层倾向南西,倾角30°~60°,与下盘山西组及太原组呈不整合接触。徐庄断层切割了新近系以前的地层,第四纪以来无明显活动。

(2)孟峪岗断层。位于徐庄断层之南约500 m,从研究区南侧约1.5 km通过。该断层东起马蹄坡,向西经长陈地、乱石盘、孟峪岗,为一东西向的正断层。断层下盘为中上寒武系白云质灰岩、上盘为深灰色的马家沟灰岩,在接触带内倾角变化极大,为30°~80°。孟峪岗断层切割了新近系以前的地层,第四纪以来无活动迹象。

(3)须水断层。位于研究区北部约14 km,该断层西起荥阳西南的南新庄,向东经须水、郑州市南部,终止于莆田附近,全长39 km。走向近东西,倾向北,视倾角65°左右,为一条正断层。须水断层切割了新近系以下的地层,影响到早更新世地层,但没有切割到中更新世地层,属于早更新世活动断层,断裂晚第三纪以来基本无明显活动。

(4)上街断层。位于研究区北部约5.0 km,该断层西起上街附近,向东延伸经郑州市北部至中牟县境内,终止于白沙一带,被古荥断层、老鸦陈断层等北西向断层切割成数段,全长约120 km,走向近东西,倾向北,倾角70°,北盘下降,南盘上升,为正断层。该断层错断了奥陶系和二叠系,但没有错断新近纪地层。

(5)尖岗断层。位于研究区西南部约12 km,该断层分布于市区西南部岗地前缘,即尖岗水库北一带,走向北西,倾向北东,长约10 km,该断层错断了新生代地层等厚线,但未错断新近纪以后的地层,地貌上亦无显示,鉴于上述,该断层为前第四纪断层。

综上所述,研究区附近断裂规模相对较小,第四纪尤其晚更新世以来无明显活动迹象,不存在发生强震的构造条件。同时,根据《建筑抗震设计规范》(GB 50011—2010)第4.1.7条,“场地内存在发震断裂时,对于符合抗震设防烈度小于8度的断裂,或者非全新世活动断裂,可忽略发震断裂错动对地面建筑的影响”。按照《建筑抗震设计规范》(GB 50011—2010)附录A,荥阳市抗震设防烈度为7度,所以本工程可不考虑断裂错动对地面建筑的影响。

6.4　研究区工程地质分区、工程地质层划分及其特征

6.4.1　工程地质分区

工程地质分区，地貌形态是分区的重要依据，其次是区域稳定性及岩土体类型。根据本研究区工程地质条件的相似性、差异性、地貌单元、地形特征、地层岩性等因素，对本研究区工程地质进行分区，根据以上特征，本区划分为四个工程地质区。

6.4.1.1　低山－丘陵基岩（薄层覆盖）工程地质区（Ⅰ区）

该区基岩出露或地表覆盖小于1 m的残坡积混合土，近东西向分布于万山山顶一带，出露地层为二叠系上统紫红、黄绿色砂岩、泥页岩等，地表出露基岩多层强风化状，基岩裂隙、垂直节理发育。其中强风化状态砂岩单轴抗压强度26.7～80.7 MPa，天然块体密度2.55～2.64 g/cm^3；中风化砂岩单轴抗压强度40.9～99.7 MPa，天然块体密度2.62～2.64 g/cm^3；强风化状态泥岩单轴抗压强度3.95～6.61 MPa，天然块体密度2.60～2.62 g/cm^3；中风化砂岩单轴抗压强度3.12～10.50 MPa，天然块体密度2.61～2.72 g/cm^3。

6.4.1.2　丘陵坡积物工程地质区（Ⅱ区）

该区分布于万山南坡中部和场地西部、西南部。地表分布0～2 m厚碎石土，碎石直径5～10 cm，碎石含量40%～85%，以粉土或粉质黏土充填，含少量直径20～40 cm的块石，该层碎石土呈稍密—中密状态，动探击数15～30击（局部地段表层为0.2～0.5 m厚粉土或粉质黏土）；其下为厚度0～5.1 m的块石土，灰绿色—紫红色，中密—密实，块石直径20～60 cm，含量占70%～90%，以少量粉土或粉质黏土充填，本层块石土呈中密状态，动探击数25～44击。碎石类土下部为紫红、黄绿色砂岩、泥岩分布。该工程地质区内地层结构呈“碎石土—基岩”的二元结构。

6.4.1.3　丘陵黄土工程地质区（Ⅲ区）

该区分布于万山南坡中部和中西部。该区地表分布3～6 m厚的粉土、粉质黏土，其中上部为第四系上更新统黄褐色粉土，下部为第四系中更新统浅褐红—紫红色粉质黏土；其下为厚度0～5.1 m块石土，灰绿色—紫红色，中密—密实，块石直径20～60 cm，含量占60%～85%，以少量粉土或粉质黏土充填，本层块石土呈中密状态，动探击数28～50击。碎石类土下部为紫红、黄绿色砂岩、泥岩分布。该工程地质区内地层结构呈“细粒土（粉土、粉质黏土）－碎石土－基岩”的三元结构。

6.4.1.4　丘间冲沟黄土工程地质区（Ⅳ区）

该区分布于研究区南部原有冲沟及场地东南部地势整体相对低洼地段，该区上部5～12 m为第四系上更新统浅黄—黄褐色粉土。该地段粉土呈稍密—中密状态，孔隙比为0.743～0.984，静探比贯入阻力为3.4～4.3 MPa；粉土以下为紫红色泥岩（VIP地段）、灰绿色—紫红色砂岩（游客服务中心地段），粉土下伏泥岩和砂岩上部2～5 m为强风化状态，以下为中风化状态。

各工程地质分区见图6-1。

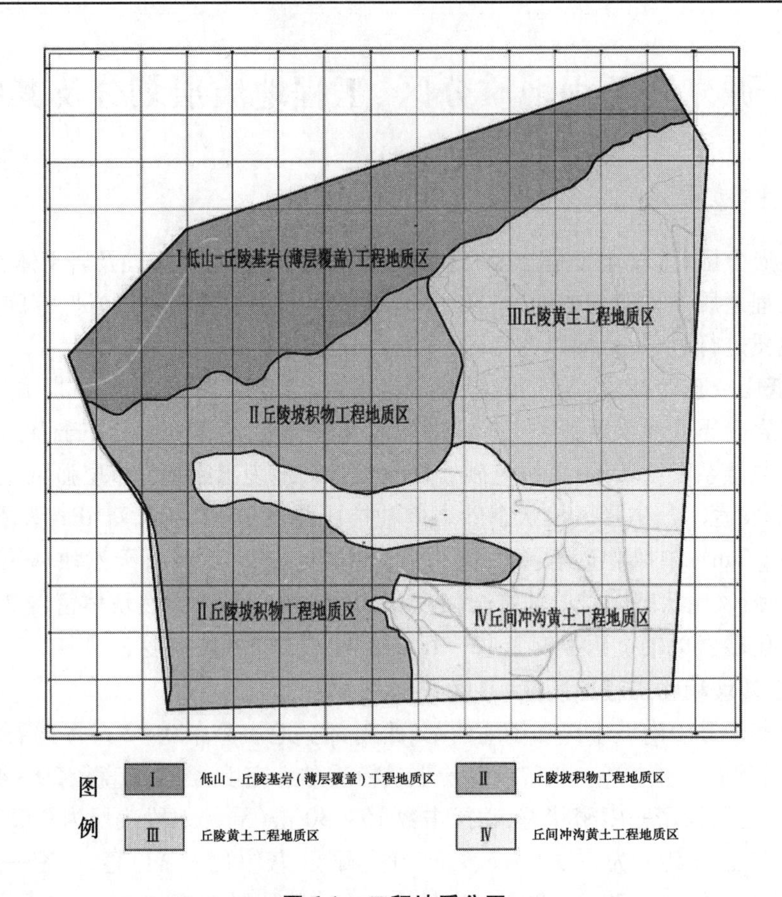

图6-1 工程地质分区

6.4.2 工程地质层划分及其特征

工程地质岩、土体堆积形成的地质时代说明了岩、土体形成过程及先后。对于沉积成因的岩、土体来讲,不同地质时代和不同沉积环境形成不同岩性、岩相、力学性质的岩层;对于松散的第四纪地层来说,土体堆积愈早,成岩作用愈好,其工程地质性能就愈好。

不同成因的岩土体具有不同的工程地质特征。如就承载力、变形模量、单轴抗压强度来说,同样风化程度的砂岩一般来说其上述力学指标要高于泥岩;又如风成土体天然孔隙比大于其他成因土体的孔隙比;坡、洪积形成的土体其颗粒均匀程度相较于湖积形成的土体颗粒均一。

考虑到勘察区拟建建筑工程性质、形态特征、荷载大小、重要性程度等因素,本次勘察区内土体工程地质特征研究深度限于地表下20 m内。工程地质层以岩体和松散土体的地层岩性、成因类型、形成时代和环境为基础,物理力学性质指标为依据,对本研究区20 m主要影响深度内的岩体和松散土体进行分类。据此可将区内成因、沉积次序相同和工程地质意义相似的地层,按空间划分为12个主要工程地质层。

各工程地质层特征见表6-13。

表6-13 工程地质分区及物理力学指标综合表

工程地质分区	工程地质层	地层岩性	物理力学性质指标及工程地质特征量值										
			含水量	孔隙比	重度	液性指数	塑性指数	标贯击数（击）	动探击数（击）	静探 P_s 值(kPa)	黏聚力（kPa）	内摩擦角（°）	承载力特征值（kPa）
Ⅰ.低山－丘陵基岩(薄层覆盖)工程地质区	⑦	强风化砂岩	0.05～0.15						28.5～38.4				800
	⑧	中风化砂岩	0.04～0.08										2 000
Ⅱ.丘陵坡积物工程地质区	⑤	碎石							14.7～27.4				280
	⑥	块石							22.7～37.9				320
	⑨	强风化泥岩	2.01～2.51						18.1～27.9				400
	⑩	中风化泥岩	1.89～2.85						18.2～28.8				600
	⑪	强风化砂岩	1.15～1.66						18.2～30.6				600
	⑫	中风化砂岩	0.06～1.71										1 500

续表 6-13

工程地质分区	工程地质层	地层岩性	物理力学性质指标及工程地质特征量值										
			含水量	孔隙比	重度	液性指数	塑性指数	标贯击数（击）	动探击数（击）	静探 P_s 值(kPa)	黏聚力（kPa）	内摩擦角（°）	承载力特征值（kPa）
Ⅲ. 丘陵黄土工程地质区	①	粉土	2.9～9.7	0.774～1.085	12.7～17.1	<0	6.7～9.9			1.89	12.9～27.3	20.1～31.0	120
	②	粉土	4.9～13.1	0.740～1.065	14.1～17.6	<0	8.3～9.6	14.0～18.0		4.31	15.1～29.7	17.2～29.2	145
	⑥	块石							22.7～37.9				320
Ⅳ. 丘间冲沟黄土工程地质区	③	粉土	6.4～16.1	0.743～0.976	16.0～17.8	<0	6.2～9.6	13.0～17.0		3.40			135
	④	粉质黏土	11.0～25.0	0.588～0.762	19.0～20.5	<0	10.3～13.5	12.0～19.0					220
	⑤	碎石							14.7～27.4				280

第7章　研究区主要工程地质问题

7.1　主要工程地质问题

7.1.1　黄土湿陷性问题

第Ⅲ工程地质区(丘陵黄土工程地质区)、第Ⅳ工程地质区(丘间冲沟黄土工程地质区)上部3～12 m为湿陷性黄土(见图7-1),经对探井试样进行室内双线法湿陷性分析试验,并按照《湿陷性黄土地区建筑标准》(GB 50025—2018)进行计算,本研究区内第Ⅲ、第Ⅳ工程地质区黄土均具有Ⅰ级轻微湿陷性,当作为地基持力层时,需按照《建筑地基基础设计规范》(GB 50007—2011)、《湿陷性黄土地区建筑标准》(GB 50025—2018)、《建筑地基处理技术规范》(JGJ 79—2012)等规范要求进行相应处理并采取相应的防水措施。

图7-1　具有大孔隙、垂直节理的黄土地层

7.1.2 崩塌问题

第Ⅰ[低山－丘陵基岩(薄层覆盖)工程地质区]、第Ⅳ工程地质区(丘间冲沟黄土工程地质区)内,存在着崩塌不稳定体。

其中在第Ⅰ工程地质区内,由于山顶基岩出露便于采石,存在较多岩壁直立的废弃采石场,采石场直立岩壁高度 10 ~ 30 m,基岩裸露,壁面上节理、裂隙、层理等结构面较为发育。由崖壁顶部裸露基岩面量测的节理裂隙玫瑰花图(见图 7-2)可知:该裂隙面多呈"X"形,其中在 20°、40°、285°方向裂隙面较为发育。较多部位采石陡壁上存在中小型崩塌,陡壁下方崩塌体体积 17 ~ 135 m^3。在东、西片区崖壁瀑布及悬挑平台等建筑部位目前仍然存在着较多崩塌危岩体,危岩体壁面陡立,与其北侧母岩间发育垂直节理和裂隙,在地震、施工振动等诱发因素作用下存在着崩塌的可能性(见图 7-3)。由于该处位于拟建山顶瀑布部位,在人工瀑布流水动力作用下,东、西片区瀑布处危岩体易于崩塌或垮塌,建议对以上两部位采石场遗留陡壁上的危岩体进行处理,可采用卸载、灌浆、锚固等措施处理。

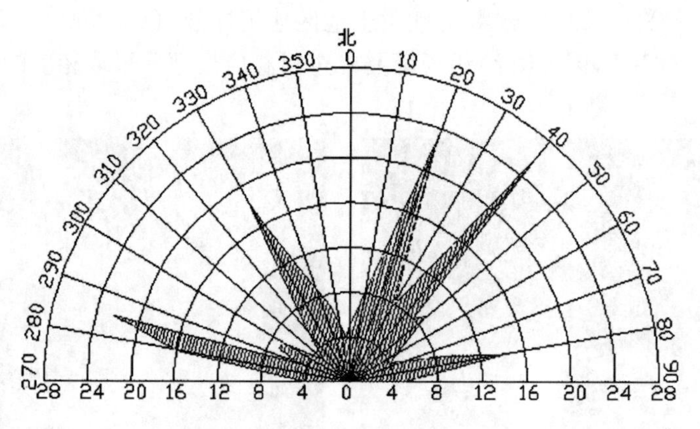

图 7-2 节理裂隙玫瑰花图

在第Ⅳ工程地质区(丘间冲沟黄土工程地质区)内有崩塌分布(见图 7-4 ~ 图 7-6),主要沿着拟建水系发育,拟建水系现状条件下为一自然冲沟,冲沟深度 2 ~ 10 m 不等,较多地段沟壁近直立。该沟壁南坡多为岩质边坡,在拟建寿山、地质大院地质博物馆附近的沟底基岩出露,沟内出露的基岩岩性为紫红色泥岩、黄绿色砂岩等。沟壁北侧均为坡壁直立的第四系上更新统粉土,该粉土具有Ⅰ级轻微湿陷性,具大孔隙、垂直节理,沟壁灌木丛生。在拟建综合运动场东部,该沟北侧壁零星分布着小型土质崩塌,崩塌体体积为 0.5 ~ 3 m^3。由于该部位为拟建水系,除应做好防水防渗措施外,尚需对该处小型崩塌采取削坡、放坡、喷护和植被固化等措施处理。

7.1.3 边坡(潜在滑坡)稳定性问题

在场区第Ⅰ[低山－丘陵基岩(薄层覆盖)工程地质区]、第Ⅱ工程地质区(丘陵碎、块石土工程地质区)内,存在着不稳定斜坡(潜在滑坡)。在第Ⅰ工程地质区内的边坡(潜在

图7-3　东、西片区瀑布崖壁地段基岩陡壁崩塌

图7-4　水系沟底土质边坡崩塌

图7-5　沟底块石土崩塌壁面

图7-6　沟底碎石土崩塌壁面

滑坡）体主要位于山腰采石场道路路面上方（北侧），存在着 3 ~ 4 处潜在小型滑坡，该区域潜在小型滑坡体物质成分为碎石、块石，松散—稍密状。碎石来源为风化坡积碎（块）石土、采石遗弃碎石土，局部地段表层覆盖厚度 0.2 ~ 1.5 m 的含砾粉土，坡面杂草、矮小灌木较发育，边坡上可见马刀树（见图 7-7 ~ 图 7-10），最大后缘裂缝宽度达 20 cm。由于修路切坡，客观上产生了坡脚卸荷作用，增大了这些小型滑坡的潜在不稳定性。在坡积物进一步堆积加载、雨水浸泡、软化等作用下，易于产生小型滑坡（见图 7-11 ~ 图 7-14），建议对其采取坡顶卸载、坡面防水等措施处理。

图 7-7　碎石土边坡滑体上的马刀树

图 7-8　坡洪积物边坡滑体上的马刀树

图 7-9　基岩顶面薄层坡积物滑体上的马刀树

图 7-10　黄土顶面薄层坡积物滑体上的马刀树

图 7-11　东片区瀑布北 26#孔附近滑坡后缘裂缝

图 7-12　东片区 26#孔附近后缘裂缝（宽度 20 cm）

图 7-13　26#勘探孔附近滑坡(后缘线)

图 7-14　TC15 探槽附近滑坡(后缘线)

在本工程第 2、3 登山步道之间的第Ⅱ工程地质区(丘陵坡积物工程地质区)内,存在着一个大型潜在滑坡。该潜在滑坡呈南北走向,潜在滑动势为由北向南。滑坡后缘位于万山南坡采石场道路一带,滑坡西缘为沿拟建第 2 登山步道所在自然沟谷,滑坡东缘为沿拟建第 3 登山步道所在自然沟谷,前缘位于拟建游客服务中心、综合运动场北侧,滑坡前缘界线与第Ⅱ工程地质区、第Ⅳ工程地质区界线重合(见图 7-15 ~ 图 7-18)。

图 7-15　俯视第 2、3 登山步道间滑坡全貌

图 7-16　仰视第 2、3 登山步道间滑坡全貌

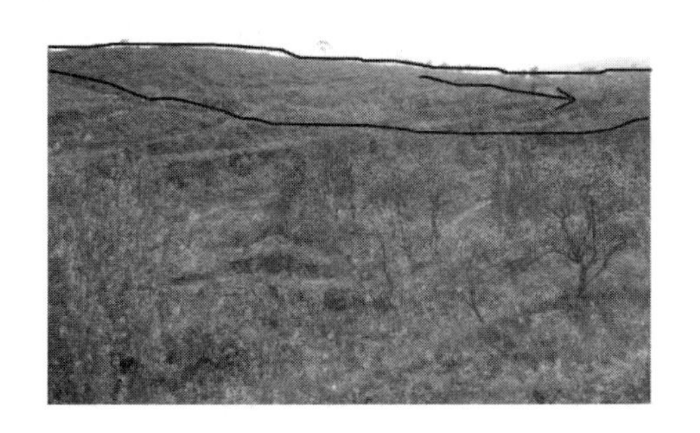

图 7-17　第 2、3 登山步道间滑坡体右翼

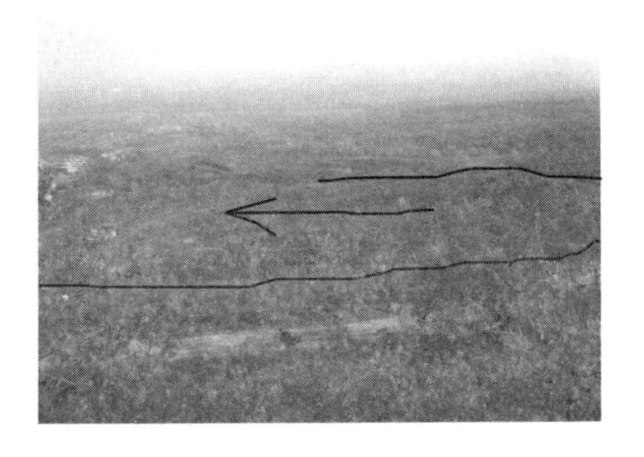

图 7-18　第 2、3 登山步道间滑坡体左翼

经现场调查测绘，该处基岩倾向为北东 5° ~ 15°，倾角 10° ~ 20°，而该处滑坡轴倾向约 150°，故而该处不存在顺层滑坡，而且由现场探槽、钻探可知，该滑坡也无明显顺层构造裂隙破碎控制面存在。综合判定该大型潜在滑坡为基岩上覆松散体滑坡，滑动面为基岩顶面、松散堆积体底面，滑坡体物质组成为基岩上覆块石土、碎石土及少量薄层含砾粉土层。根据工程地质测绘、调查，结合现场槽探、钻探资料，滑坡体厚度 4 ~ 10 m，滑坡体上大多地段为灌木杂草，较多地段分布为人工植树树苗（勘察期间树苗大多已枯死），偶见些许高 3 ~ 4 m 的野生槐树。在该滑坡体前缘可见马刀树、醉汉林（见图 7-19、图 7-20）。

图 7-19　第 2、3 登山步道间滑坡体前缘马刀树

图 7-20　第 2、3 登山步道间滑坡体前缘醉汉林

在现场调查测绘、槽探、钻探过程中，未发现大型滑坡后缘裂缝存在，在潜在滑坡两侧未发现羽状剪切裂缝存在，在其前缘和滑舌部位未发现拉张、鼓张裂隙（见图 7-21、图 7-22）。根据工程地质类比法，初步判定该潜在滑坡目前处于稳定状态。但是当在滑坡体上部工程加荷、人工不当削坡、暴雨软化、渗流力、地震力等不利诱发因素作用下，尚存在滑坡体滑动的可能性。

图7-21　第2、3登山步道间滑坡体前缘滑坡舌

图7-22　第2、3登山步道间滑坡的滑动面

根据当地经验，对该潜在滑坡，可采取坡顶减载卸荷、坡底堆载反压、坡顶截水防水、坡面排水、坡体渗水、坡面固化等加固措施，必要时尚可采取挡土墙、拦挡坝等措施固定滑坡体松散碎石层，以确保该潜在滑体下方拟建VIP综合服务中心、综合运动场等建筑的安全。

建议对该大型滑坡进行详细专项勘察。

7.1.4　水系渗漏问题

水系所在地段地层岩性变化较大。水系南侧沟壁多为基岩出露。在拟建寿山及其以东附近地段水系的沟底为基岩出露，基岩岩性为紫红色泥岩、黄绿色砂岩等。由于长期受流水冲刷和冲洪积物磨蚀作用,水系地段沟底、沟壁出露的基岩多呈中风化状态。基岩表面结构面(裂隙面)发育程度为平均间距 0.3 ~ 1 m,组数 3 ~ 5 条,结构面结合程度一般,岩体多呈块状或中厚层状,完整程度为较完整—较破碎,基岩裂隙面、层面等结构面的存在对拟建水系的渗漏稳定性造成较大不利影响,基础施工时可采取压密灌浆、硬化池底等措施。

沟壁北侧均为直立坡壁,岩性为第四系上更新统粉土。该粉土具有Ⅰ级轻微湿陷性,具大孔隙、垂直节理,其渗透系数较大。在水系沟底布置了 5 个试坑渗水试验点,根据现场实际测试,5 个试坑渗水试验结果分别为:W_{ss01} 稳定流量 0.096 m^3/d,渗透系数 0.96 m/d;W_{ss02} 稳定流量 0.144 m^3/d,渗透系数 1.44 m/d;W_{ss03} 稳定流量 0.086 4 m^3/d,渗透系数 0.864 m/d;W_{ss04} 稳定流量 0.144 m^3/d,渗透系数 1.44 m/d;W_{ss05} 稳定流量 0.192 m^3/d,渗透系数 1.915 m/d。以上 5 个试坑渗水试验点稳定流量平均值为 0.132 m^3/d,渗透系数平均值为 1.324 m/d。野外现场测绘期间,在拟建寿山东北角沟底(水系位置)有一砖砌大口径水井,井深约 25 m,据访该井已干涸多年,根据区域资料,该地段地下水埋深大于 50 m。

考虑到该段地下水位埋深较大,且其水系所在地段沟底、沟壁渗透系数均较大,建议施工时对其采取物理、化学防渗处理。

7.2　研究区工程建设适宜性分析

本研究区位于低山丘陵地带,区内地层为二叠系紫红、黄绿色砂岩、泥岩,第四系中更新统碎石类土、粉土、粉质黏土及第四系晚更新统粉土等,其中第四系晚更新统粉土具有轻微湿陷性。区内存在小型崩塌、潜在滑坡、窑洞塌陷等不良地质作用,游客服务中心、VIP 综合服务中心等地段存在半挖半填地基,同时陡坎、陡坡分布广泛。按照《建筑抗震设计规范》(GB 50011—2010)第 4.1.1 条表 4.1.1,判定拟建场地为建筑抗震不利地段。

根据《建筑抗震设计规范》(GB 50011—2010)第 4.1.7 条,“场地内存在发震断裂时,对于符合抗震设防烈度小于 8 度的断裂,或者非全新世活动断裂,可忽略发震断裂错动对地面建筑的影响”。按照规范 GB 50011—2010 附录 A,荥阳市抗震设防烈度为 7 度,所以本工程可不考虑断裂错动对地面建筑的影响。综合评价,经对上述主要工程地质问题进行有效处理后,场地适宜本工程建筑。

第 8 章　研究区环境地质条件

8.1　人类工程活动对地质环境的影响

随着当地社会经济的发展，研究区人类活动加剧，主要人类活动为农业生产，房屋建设，公路、铁路及水利设施修建，矿山开采等。经过调查和对比《荥阳市万山采石场矿山地质环境治理恢复工程可行性研究报告》发现，在研究区共存在 14 个采坑、2 个堆渣高陡边坡，研究区东北部分布有黄土高陡边坡。

8.1.1　采坑

采坑分布在研究区万山，为废弃矿山采坑，岩壁高陡，岩石破碎，陡壁上危岩体较多。现分述如下。

8.1.1.1　1 号采坑

1 号采坑位于万山西部的边坡，省道 S232 上方 20 ~ 25 m 处。采坑壁长 160 m，两侧低、中间高，高度 10 ~ 20 m，上部岩石较破碎，存在危岩体及崩塌隐患，下部相对较好。开采台阶宽 40 ~ 70 m，北部低，南部较高，高差在 10 m 左右。台阶上堆积有 5 个较大的废渣堆，底部长 15 ~ 50 m 不等，高度在 5 ~ 8 m，破坏山地面积约 0.9 hm^2，见图 8-1、图 8-2。

图 8-1　1 号采坑的坑壁岩体

图 8-2　1 号采坑现状

8.1.1.2　2 号采坑

2 号采坑位于万山西部的边坡，1 号采坑上方偏西，高差在 30 m 左右。采坑壁长 260 m，两侧高、中间低，南部高度在 15 m，中部及北部高 5 ~ 12 m，上部岩石较破碎，存在危岩体及崩塌隐患，下部相对较好。开采台阶宽 10 ~ 25 m，外边缘为运矿道路，宽度在 6 m 左右。台阶上堆积很多废渣堆，底部长 15 ~ 50 m 不等，高度在 5 ~ 8 m，紧靠坑壁堆积，破坏山地面积约 0.6 hm^2，见图 8-3、图 8-4。

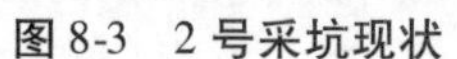

图 8-3　2 号采坑现状

图 8-4　2 号采坑坑壁危岩体

8.1.1.3　3 号采坑

3 号采坑位于万山西部的东侧,2 号采坑上方,北部与西部山坡的转角处。采坑壁长 140 m,高度在 10 m 左右,上部岩石较破碎,存在危岩体及崩塌隐患,下部相对较好。开采台阶宽 60 ~ 80 m,台阶上堆积大量废渣堆,破坏山地面积约 1.0 hm^2,见图 8-5、图 8-6。

图 8-5　3 号采坑现状

图 8-6　3 号采坑坑壁

8.1.1.4　4 号采坑

4 号采坑位于万山北部的西侧,矿山道路的南侧,南北长约 250 m,东西宽 140 ~ 160 m,面积约 3.7 hm^2,形状不规则。大小采坑很多,大的开采几十立方米,小的仅开挖几立方米,废渣堆积在坑的四周,破坏植被及地貌较严重,见图 8-7。

8.1.1.5　5 号采坑

5 号采坑位于万山北部的东侧,矿山道路的南侧,采坑壁长 250 m,两侧低、中间高,中部高约 10 m,两侧高度在 15 m 左右。上部岩石较破碎,存在危岩体及崩塌隐患,下部相对较好。开采台阶宽 10 ~ 20 m,外边缘为运矿道路,道路宽度在 6 m 左右。台阶上堆积 5 个废渣堆,底部长约 15 m,高度在 2 ~ 4 m,紧靠坑壁堆积,破坏山地面积约 0.5 hm^2,见图 8-8、图 8-9。

图 8-7　4 号采坑现状

图 8-8　5 号采坑西部现状

图 8-9　5 号采坑东部现状

8.1.1.6　6 号采坑

6 号采坑位于万山东部山坡的北侧，古城墙的东南部，由 4 个不连续的小采坑组成，东西长约 80 m，南北宽约 10 m，面积约 800 m^2，形状不规则。小采坑长度在 10 m 左右，宽 5 ~ 7 m，深度 3 ~ 5 m。废渣堆积在采坑的四周，破坏地貌较严重，见图 8-10、图 8-11。

图 8-10　6 号采坑现状

图 8-11　6 号采坑内的小采坑

8.1.1.7　7 号采坑

7 号采坑位于万山东部山梁上，由连续的很多个采坑组成，开挖深度 4 ~ 8 m 不等，采坑东西长约 100 m，南北宽 20 ~ 50 m，上部岩石较破碎，存在危岩体，下部相对较好。采坑内堆积很多的弃渣，凸凹不平，破坏地貌及林地面积约 0.3 hm^2，见图 8-12。

图 8-12　7 号采坑现状

8.1.1.8　8 号采坑

8 号采坑位于万山东部山梁上，北侧为矿山道路，南侧为 12 号采坑壁。东西长约 180 m，南北宽 10 ~ 25 m，面积约 0.3 hm^2。采坑形状不规则，由多个小采坑组成，较大的采坑长 10 m 左右，宽 5 ~ 7 m，深度 3 ~ 5 m。废渣堆积在采坑内，破坏地貌较严重，见图 8-13。

图 8-13　8 号采坑内的小采坑

8.1.1.9　9 号采坑

9 号采坑位于万山南部山坡的西侧，上部为古城墙，采坑壁长约 200 m，西部低，高度在 30 m 左右，东部高度在 40 m，上部岩石较破碎，危岩体很多，存在危岩体及崩塌隐患，下部相对较好。开采台阶东部宽约 50 m，向西逐渐变窄，宽度在 20 m 左右，外边缘为运矿道路，道路宽度在 6 m 左右。台阶由东向西逐步升高，高差在 15 m 左右，台阶上堆积大量废渣堆，高度 5 ~ 10 m，紧靠坑壁堆积，破坏山地面积约 0.7 hm^2，见图 8-14、图 8-15。

图 8-14　9 号采坑现状

图 8-15　9 号采坑的岩壁

8.1.1.10　**10 号采坑**

10 号采坑位于 9 号采坑的西部,上部为古城墙,一直延伸到山坡的西部,长度约 120 m,顺山坡分布有很多小采坑,一般不连续,开挖山坡深度不大,一般 3 ~ 5 m,长度在 3 ~ 10 m,宽度一般在 2 ~ 5 m,山坡北开挖的凸凹不平,有危岩体及小崩塌隐患。顺采坑有一条采矿道路,宽度 3 ~ 4 m,破坏山坡面积约 0.2 hm^2,见图 8-16、图 8-17。

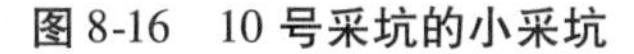

图 8-16　10 号采坑的小采坑

图 8-17　10 号采坑的东侧

8.1.1.11　**11 号采坑**

11 号采坑位于万山南部山坡的东侧,顺山梁向东延伸,采坑壁长约 450 m,西部高度约 35 m,东部高度在 25 m 左右,上部岩石较破碎,危岩体很多,存在危岩体及崩塌隐患,下部相对较好。开采台阶东部宽约 100 m,向西逐渐变窄,宽度约 60 m,外边缘为运矿道路,道路宽度 6 m。台阶由东向西逐步升高,高差在 15 m 左右,台阶上堆积大量废渣堆,高度 5 ~ 10 m。东部废渣堆紧邻矿山道路,废渣较松散,雨季易发生崩塌,危害道路的通行。破坏面积约 3.4 hm^2,见图 8-18 ~ 图 8-21。

8.1.1.12　**12 号采坑**

12 号采坑位于万山南部两条矿山道路的中部,采坑壁长度约 60 m,高度在 3 ~ 8 m,西高东低,开采坑宽度 20 ~ 50 m,堆积较多的废石渣。下部为矿山道路。破坏面积约 10.8 hm^2,见图 8-22、图 8-23。

图 8-18　11 号采坑东部现状

图 8-19　11 号采坑西部现状

图 8-20　11 号采坑东部的边坡

图 8-21　11 号采坑西部的边坡

图 8-22　12 号采坑东部的山坡

图 8-23　12 号采坑西部的山坡

8.1.1.13　13 号采坑

13 号采坑位于万山南部两条矿山道路交叉口的东侧，山坡上分布有几个不连续的采坑，开采一般较浅，深度 3 ~ 5 m，采坑长约 100 m，宽度 25 ~ 50 m，破坏面积约 0.4 hm^2，见图 8-24、图 8-25。

图 8-24　13 号采坑东部的山坡

图 8-25　13 号采坑西部的山坡

8.1.1.14　14 号采坑

14 号采坑位于万山南坡的西部,两条矿山道路交叉口的西侧,山坡上分布有很多不连续的小采坑,开采一般较浅,深度 1 ~4 m 不等。采坑长约 350 m,宽度在 100 ~120 m,破坏山体地貌及植被,面积约 3.4 hm^2,见图 8-26、图 8-27。

图 8-26　14 号采坑东部的山坡

图 8-27　14 号采坑西部的山坡

8.1.2　堆渣高陡边坡

两个渣堆位于万山南坡矿山道路以南、S232 省道以东,拟建的地质拓展训练营景区内。渣堆长约 50 m,宽约 30 m,高度 40 ~45 m,地形平坦,堆渣成分为碎石充填的粉质黏土,坡向西。DZ1 堆渣边坡平行发育有 5 条裂缝,裂缝宽约 15 cm,长约 30 m,边坡坡度约 50°,有滑坡倾向;DZ2 位于 S232 以东、D1 东南 300 m 处,堆渣边坡高约 40 m,坡度约 50°,有滑坡倾向,见表 8-1。

8.1.3　黄土高陡边坡

黄土高陡边坡分布于研究区北部,植被发育,坡度最高可达 90°,岩性为浅褐、棕红色黄土及黄土状土,目前处于稳定状态。

综上所述,研究区地质环境的人类工程活动一般,局部较强烈。

表 8-1　研究区高陡边坡一览表

编号	位置	高度(m)	基本特征		
			岩性	诱发因素	危害
DZ1	万山南坡,S232 以东,堆渣场	45	粉质黏土	降雨	未造成危害
DZ2	S232 以东,D1 东南 300 m 处,紧挨产业园西门	40	粉质黏土	降雨	未造成危害

8.2　土地资源破坏

研究区南部的贾峪镇、崔庙镇、刘河镇一带,煤矿、石灰岩矿等矿产资源丰富,主要的矿区有徐庄煤矿、王河煤矿、崔庙煤矿、顺发煤矿等。据调查,闭坑的小煤矿众多,煤矿包含有井房、广场和煤场等,面积一般大于 2 000 m^2。采石场开采后大多也没有进行复垦,弃土弃石占压土地。

矿区闭坑后大部分没有进行复垦,造成土地资源破坏严重,见图 8-28、图 8-29。

图 8-28　研究区南部煤矿废弃的矿井

图 8-29　研究区南部煤矿废弃的煤场

8.3　地貌景观破坏

调查过程中发现,贾峪镇、崔庙镇的南部及万山等处分布大量的采石场。因开采时间长,大小采坑众多,山体破坏严重;开采产生的大量弃土弃石随意堆放,破坏了当地的植被,也占压了大量土地。大多采石场在闭坑后没有对破坏的山体、采坑及弃土弃石等进行综合治理,地貌景观破坏严重。

第 9 章　地下水开发利用现状及主要水环境问题

9.1　地下水开发利用现状

研究区包括荥阳市区和 7 个乡(镇),上街区、郑州市、巩义市和新密市只涉及 1 ~ 2 个乡(镇)的个别村庄。2013 年研究区地下水开采量为 5 694.84 万 m^3,其中农业开采量 1 475.00万 m^3,工业开采量 2 421.54 万 m^3,人畜开采量 1 798.30 万 m^3;浅层地下水开采量 1 442.30 万 m^3,中深层地下水开采量 3 056.30 万 m^3,裂隙水开采量 236.60 万 m^3,岩溶水开采量 959.64 万 m^3。各乡(镇)各层地下水现状开采量见表 9-1 ~ 表 9-4。

表 9-1　浅层地下水现状开采量统计

市(区)	乡(镇)、城区	面积(km^2)	灌溉开采量(万 m^3/a)	工业开采量(万 m^3/a)	人畜开采量(万 m^3/a)	开采量小计(万 m^3/a)
荥阳市	城区	25	19.30	130.20	16.50	166.00
	金寨回族乡	8	41.20	7.10	3.80	52.10
	城关乡	54.4	68.60	39.60	8.60	116.80
	豫龙镇	54.5	78.50	44.50	9.20	132.20
	乔楼镇	71	158.30	29.10	11.70	199.10
	刘河镇	26.6	40.20	13.80	5.60	59.60
	崔庙镇	80.89	119.60	26.70	12.50	158.80
	贾峪镇	51.7	88.70	29.80	9.30	127.80
上街区	城区	16	41.30	68.60	11.70	121.60
	峡窝镇	37.7	72.40	17.50	8.10	98.00
郑州市	中原区	19	50.80	27.70	8.30	86.80
新密市	白寨镇	11	31.10	5.30	5.60	42.00
	袁庄乡	12	32.60	7.10	5.90	45.60
巩义市	米河镇	7	21.30	9.50	5.10	35.90
合计		474.79	863.90	456.50	121.90	1 442.30

表 9-2　中深层地下水现状开采量统计

市(区)	乡(镇)、城区	面积(km²)	灌溉开采量(万 m³/a)	工业开采量(万 m³/a)	人畜开采量(万 m³/a)	开采量小计(万 m³/a)
荥阳市	城区	25	0	386.30	381.50	767.80
	金寨回族乡	8	13.80	8.50	36.20	58.50
	城关乡	54.4	86.70	102.60	138.70	328.00
	豫龙镇	54.5	82.60	112.10	146.30	341.00
	乔楼镇	71	113.50	79.60	161.50	354.60
	刘河镇	26.6	0	0	0	0
	崔庙镇	80.89	0	0	0	0
	贾峪镇	51.7	48.30	58.50	64.40	171.20
上街区	城区	16	0	244.60	238.50	483.10
	峡窝镇	37.7	96.20	66.30	136.20	298.70
郑州市	中原区	19	45.10	68.30	140.00	253.40
新密市	白寨镇	11	0	0	0	0
	袁庄乡	12	0	0	0	0
巩义市	米河镇	7	0	0	0	0
合计		474.79	486.20	1 126.80	1 443.30	3 056.30

表 9-3　裂隙水现状开采量统计

市(区)	乡(镇)、城区	面积(km²)	灌溉开采量(万 m³/a)	工业开采量(万 m³/a)	人畜开采量(万 m³/a)	开采量小计(万 m³/a)
荥阳市	城区	25	0	0	0	0
	金寨回族乡	8	0	0	0	0
	城关乡	54.4	0	0	0	0
	豫龙镇	54.5	0	0	0	0
	乔楼镇	71	7.20	0	17.70	24.90
	刘河镇	26.6	13.60	3.50	23.60	40.70
	崔庙镇	80.89	21.40	5.60	31.20	58.20
	贾峪镇	51.7	18.30	4.40	28.30	51.00
上街区	城区	16	0	0	0	0
	峡窝镇	37.7	6.80	1.50	11.60	19.90
郑州市	中原区	19	0	0	0	0
新密市	白寨镇	11	4.20	1.20	10.20	15.60
	袁庄乡	12	3.60	1.30	9.10	14.00
巩义市	米河镇	7	3.10	1.10	8.10	12.30
合计		474.79	78.20	18.60	139.80	236.60

表9-4　岩溶水现状开采量统计

市(区)	乡(镇)、城区	面积(km²)	灌溉开采量(万 m³/a)	工业开采量(万 m³/a)	人畜开采量(万 m³/a)	开采量小计(万 m³/a)
荥阳市	城区	25	0	0	0	0
	金寨回族乡	8	0	0	0	0
	城关乡	54.4	0	0	0	0
	豫龙镇	54.5	0	0	0	0
	乔楼镇	71	0	0	0	0
	刘河镇	26.6	0	445.98	0	445.98
	崔庙镇	80.89	19.70	373.66	38.80	432.16
	贾峪镇	51.7	13.60	0	31.60	45.20
上街区	城区	16	0	0	0	0
	峡窝镇	37.7	0	0	0	0
郑州市	中原区	19	0	0	0	0
新密市	白寨镇	11	6.60	0	11.20	17.80
	袁庄乡	12	6.80	0	11.70	18.50
巩义市	米河镇	7	0	0	0	0
合计		474.79	46.70	819.640	93.30	959.64

9.2　主要水环境问题

9.2.1　区域地下水水位下降

研究区内地下水主要有浅层地下水、中深层地下水、裂隙水和岩溶水。引起地下水水位下降的因素，主要有水源地开采、矿坑排水和气象等。地下水水位下降导致研究区内井出水量变小、换泵及部分水井报废，泉消失和流量减小，严重影响到当地人民的生活、生产和经济发展。

9.2.1.1　浅层地下水水位下降

1. 浅层地下水现状

由于人为的过量抽取地下水，造成区内浅层地下水水位持续下降，局部已形成开采降落漏斗。据浅层长观孔1977～2012年资料，水位下降幅度10.73～30.67 m，平均下降速率0.63 m/a。2013年10月调查时，大部分浅井由于地下水水位大幅下降已废弃，现存的部分井水量明显减小，只能间歇供水。

2. 浅层地下水水位下降成因分析

(1)超采引起水位下降。

随着浅层地下水开采量的增加和超采，地下水水位呈持续下降趋势，如豫龙镇、峡窝镇等地的浅层长观孔自1977年到1994年，同期水位相比下降幅度10.73~30.67 m，平均下降速率1.21 m/a。上街铝厂浅层水观测孔1963年枯水期水位埋深7.81 m，1967年同期埋深8.67 m，1989年同期埋深22.91 m，26年下降幅度15.10 m，下降速率0.58 m/a。据2013年10月调查，浅层地下水水位进一步下降，大部分浅井已废弃，现存的部分浅井水量明显减小。

(2)极端气候引起水位下降。

据资料表明，荥阳市降水量居河南省中偏下水平，1964年降水量1 054.2 mm，1997年降水量492.6 mm，2011年降水量737.7 mm，多年平均年降水量629.2 mm。近几年降水量明显偏少，浅层地下水水位下降也最为明显。因此，降水量的减少是引起浅层地下水水位下降的一个重要因素。

(3)越流和浅层、中深层地下水混层开采导致水位下降。

通过本次调查，浅层地下水埋深在20~40 m，中深层地下水埋深在45~70 m，浅层地下水水位高于中深层。从前述水文地质条件可知，浅层与中深层地下水之间没有较稳定的隔水层，只是以粉土和粉质黏土呈透镜体相隔，二者水力联系较密切，浅层地下水向中深层地下水越流。本区域浅层地下水开采主要为农业灌溉，近几年开采量基本稳定，据资料显示，近几年水位处于下降状态。目前，研究区内大部分150 m以浅的中深井没有止水，为混层开采。因此，这部分中深井混层开采也是导致浅层地下水水位下降的因素。

3. 浅层地下水水位下降产生的后果

由于浅层地下水的大幅下降，开采条件恶化，居民压水井及浅井大量报废或出水量减小，农田灌溉保证率降低，农作物减产或绝收。很多地方居民饮水发生困难，不得不打更深的井(井管一般采用水泥管)，大大增加了居民的经济负担。

9.2.1.2 中深层地下水水位下降

1. 中深层地下水现状

根据《河南省荥阳市开发利用规划报告》，荥阳城区、上街区中深层地下水超量开采，其水位持续下降，自1965年到1995年，同期水位相比下降幅度41.90~57.97 m，平均下降速率1.86 m/a。据2013年10月调查，中深井水位埋深一般在45~70 m，最大达110.77 m，比1995年下降了3.78~6.26 m，下降速率0.31 m/a。研究区内中深层地下水水位处于持续下降状态。

2. 中深层地下水水位下降成因分析

(1)超采形成的地下水漏斗。

中深层地下水开采主要消耗静储量。研究区中深层地下水的补给主要为侧向径流，侧向径流补给主要来自南、西南方向的低山丘陵，补给途径远。持续开采的中深层地下水水位不断下降。据相关资料，中深层地下水在开采后已逐渐形成降落漏斗，1995年漏斗位于荥阳城区—上街区东北一带，中心水位埋深在46 m左右，漏斗的面积27.3 km^2。2013年10月调查发现，漏斗位于上街区—荥阳城区一带，面积达40.2 km^2，中心最大水位埋深90.1 m。

(2)气象因素引起水位下降。

浅层与中深层地下水分布在山前丘陵和中北部平原一带，主要乡（镇）包括城关乡、豫龙镇、乔楼镇及上街区的峡窝镇，二者水力联系较密切，浅层含水层以粉细砂、细中砂为主，隔水层以透镜体状分布的粉土、粉质黏土为主，浅层地下水以越流补给中深层地下水为主。据荥阳市2007～2013年气象资料，近几年降水量明显偏小，2013年降水量也只有400 mm左右。降水量的减小也会影响浅层地下水对中深层地下水的补给。

3. 中深层地下水水位下降产生的后果

研究区内农村集中供水厂较多，由于中深层地下水水位的下降，造成了供水成本的增加。

9.2.1.3　基岩裂隙水水位下降

1. 基岩裂隙水现状

基岩裂隙含水层组主要分布在刘河—崔庙一带，岩性为二叠系的砂岩和泥岩、页岩，裂隙较发育，地下水分布不均匀。据2013年10月调查，地下水埋深为44.11～82.0 m，较1995年荥阳市地下水资源开发利用区划报告时的水位明显下降，下降幅度10～15 m，平均下降速率0.73 m/a。荥阳市崔庙镇项沟村王家庄组西有一泉，流量约0.006 L/s。本次调查时泉水流量0.014 L/s，流量明显减小。

2. 基岩裂隙水水位下降成因分析

2000年以来，荥阳市南部的崔庙镇、刘河镇等地施工了较多农村集中供水井，井深多在200 m以上，取水层位为裂隙含水层，单井日开采量在400～500 m^3/d，对裂隙水的影响较大。

此区域煤矿众多，近年来关闭了大量小煤矿，但规模较大的崔庙煤矿、河王煤矿、徐庄煤矿仍在开采，矿坑排水量大。据本次调查，排水量为1 800～16 000 m^3/d，对地下水水位影响巨大，煤矿随着采深的加大，地下水水位也随之下降。该区域距离煤矿3～10 km，地理位置较近，现在这一带裂隙水径流补给附近煤矿，煤矿的疏干排水是造成裂隙水位下降的主要原因。

3. 基岩裂隙水水位下降产生的后果

水位的下降直接导致了崔庙镇、刘河镇一带的泉水消失和流量减小，并使多地水井因水位大幅下降造成取水成本大大增加。

9.2.1.4　岩溶水水位下降

1. 岩溶水现状

庙子乡的圣母池为一岩溶大泉，原泉水流量约0.45 m^3/s。2013年10月泉水消失，其附近的小泉绝大多数也已于近年逐渐消失，根据调查访问，周边好几个村打的四五百米的深井均为干眼。

2. 岩溶水水位下降成因分析

庙子乡的圣母池等泉及附近的深井，还有崔庙、贾峪等乡（镇）的泉、井，主要为岩溶泉和采取岩溶水，其距离北部的崔庙煤矿、河王煤矿、徐庄煤矿和顺发煤矿在2～12 km，地理位置较近，现在此区域岩溶地下水径流补给北部的煤矿，煤矿的疏干排水是造成岩溶水水位下降的主要原因，见图9-1、图9-2。

图 9-1　研究区南部王河煤矿排水口

图 9-2　研究区南部崔庙煤矿排水口

3. 岩溶水水位下降产生的后果

岩溶水水位的下降直接导致了庙子乡的圣母池等岩溶大泉的消失，多处 400 ~ 500 m 的水井无水或干枯报废，并使多地水井因水位大幅下降，取水成本大大增加。

9.2.2　地下水资源枯竭

9.2.2.1　岩溶大泉流量锐减、消失

位于庙子乡的圣母池，原流量在 0.45 m^3/s 左右，池直径约 10 m、深约 12 m，池中水泵达十几个，泉水源源不断随水泵流向农田、工厂和各家各户。自周围煤矿开采以来，泉水流量持续减小，于 2013 年 7 月断流（见图 9-3、图 9-4）。因此，泉水的消失与矿区突水及排水关系密切。

图 9-3　泉水消失后的圣母池外景　　图 9-4　泉水消失后的圣母池内景

9.2.2.2　打井困难

荥阳市南部的崔庙镇、庙子乡和贾峪镇等乡（镇），地处低山区，地势较高，山高沟深，人民群众吃水困难。为了解决人民的吃水问题，当地政府和群众投入了大量的人力、财力进行打井取水。但由于地层岩性为灰岩，与位于其北部的煤矿距离较近，煤矿大量疏干灰岩地下水，导致当地的地下水水位大幅下降，使辛苦打下去的水井无水可采或水量极小无法使用。据本次调查，上述的几个乡（镇）近几年打了约有 10 眼 300 ~ 500 m 水井，均为

干眼或水量极小无法使用。目前,当地人民群众只有去北部的其他乡(镇)水厂买水吃,极大地影响了当地人民的生活、生产和经济的发展。

9.2.3　水质污染

9.2.3.1　地表水

研究区内地表水体主要为丁店水库(部分为南部的煤矿矿坑排水),水化学类型为 $SO_4 \cdot HCO_3 - Ca \cdot Mg$ 型,矿化度小于1.0 g/L。根据本次采集的丁店水库水样水质分析结果,亚硝酸盐、氨离子含量超标,其中亚硝酸盐含量0.028～0.036 mg/L,最大超标倍数1.8倍;氨离子含量0.24 mg/L,超标倍数1.2倍。

9.2.3.2　浅层地下水

研究区内浅层地下水水化学类型以 $HCO_3 - Ca$ 型为主,局部为 $HCO_3 \cdot SO_4 - Ca$ 型,矿化度小于1.0 g/L。根据本次浅层地下水水质分析结果,荥阳市城区附近部分地段硝酸盐含量超标,其中硝酸盐含量25.91 mg/L,超标倍数1.3倍。

9.2.3.3　中深层地下水

研究区内中深层地下水水化学类型为 $HCO_3 - Ca$ 型,局部 $HCO_3 \cdot SO_4 - Ca$ 型,矿化度小于1.0 g/L。根据本次中深层地下水水质分析结果,荥阳市城区部分地段硝酸盐含量超标,硝酸盐含量49.16 mg/L,超标倍数2.46倍。

9.2.3.4　裂隙水

研究区内裂隙水水化学类型比较复杂,主要有 $HCO_3 - Ca$、$HCO_3 - Ca \cdot Na$、$HCO_3 \cdot SO_4 - Ca$ 型,矿化度小于1.0 g/L。根据本次裂隙地下水水质分析结果,在刘河镇部分地段硝酸盐含量超标,硝酸盐含量33.3～44.05 mg/L,最大超标倍数2.2倍。

研究区南部矿产资源丰富、矿区较多,主要有徐庄煤矿、崔庙煤矿、王河煤矿和顺发煤矿等,新开采的矿区配套有污水处理设施,处理后的废水排放较安全。一些老的矿区因没有配备污水处理设施,污水未经处理排入附近的河流或沟渠。污水排放后对地表水体和地下水将产生污染,应引起重视(见图9-5、图9-6)。

图9-5　研究区南部王河煤矿排水口

图9-6　研究区南部顺发煤矿排水口

第 10 章　研究区水文地质专项分析

10.1　地下水水化学特征及水质评价

10.1.1　地下水水化学特征及水化学类型

地下水水化学成分在特定的地球化学环境条件下形成,它不仅与含水层岩性、埋深、时代成因及水动力特征相关,还与人为污染因素有关。地下水在补给、径流、富集过程中经过长期淋滤、混合浓缩、胶体化学等作用形成不同的水质类型。以本次实测水质成果为主,按舒卡列夫法分类,地下水水化学类型分布规律如下。

10.1.1.1　松散岩类孔隙水化学类型及水化学特征

区内松散岩类孔隙水水化学成分统计见表 10-1,阳离子以 Ca^{2+}、Mg^{2+} 为主,其次是 Na^{+};阴离子以 $HCO_3{}^{2-}$、$SO_4{}^{2-}$ 为主,其次是 $NO_3{}^{-}$、Cl^{-}。矿化度 255.23 ~ 529.92 mg/L,pH 值 7.3 ~ 7.7,总硬度 199 ~ 397.5 mg/L(以 $CaCO_3$ 计),属中低矿化度淡水。根据化学成分含量,按舒卡列夫法分类,松散岩类孔隙水水化学类型以 HCO_3 - Ca、HCO_3 · SO_4 - Ca 为主,局部地区为 HCO_3 - Ca · Mg,见图 10-1。

表 10-1　松散岩类孔隙水水化学成分统计

项目	范围值	平均值	项目	范围值	平均值
K^{+}	0.15 ~ 0.85	0.42	总硬度	199 ~ 397.5	256.30
Na^{+}	10.03 ~ 20.59	14.61	永久硬度	0 ~ 205	36.10
Ca^{2+}	57.31 ~ 105.41	73.72	暂时硬度	192.5 ~ 249	220.20
Mg^{2+}	10.57 ~ 22.60	14.78	负硬度	0 ~ 20	3.43
Fe^{3+}	0.01 ~ 0.03		总碱度	192.5 ~ 249	223.63
Fe^{2+}	< 0.002		总酸度	10.5 ~ 23.6	17.16
Al^{3+}	0.03 ~ 0.06	0.04	H_2SiO_3	22.1 ~ 31.2	27.65
NH_4^{+}	< 0.02		游离 CO_2	9.24 ~ 20.8	15.10
Cl^{-}	5.32 ~ 38.29	11.46	COD_{Mn}	0 ~ 1.13	0.37
$SO_4{}^{2-}$	5.76 ~ 167.14	36.28	洗涤剂	< 0.05	
$HCO_3{}^{-}$	234.93 ~ 303.88	273.29	氰化物	< 0.001	
NO_3^{-}	4.01 ~ 49.16	15.61	酚类	< 0.002	
NO_2^{-}	< 0.04		溶解性总固体	255.23 ~ 529.92	332.74
F^{-}	0.16 ~ 0.54	0.40	pH	7.3 ~ 7.7	7.45
HPO_4^{2-}	0.01 ~ 0.04				

注:除 pH 外,单位为 mg/L。其中硬度、碱度以 $CaCO_3$ 计。

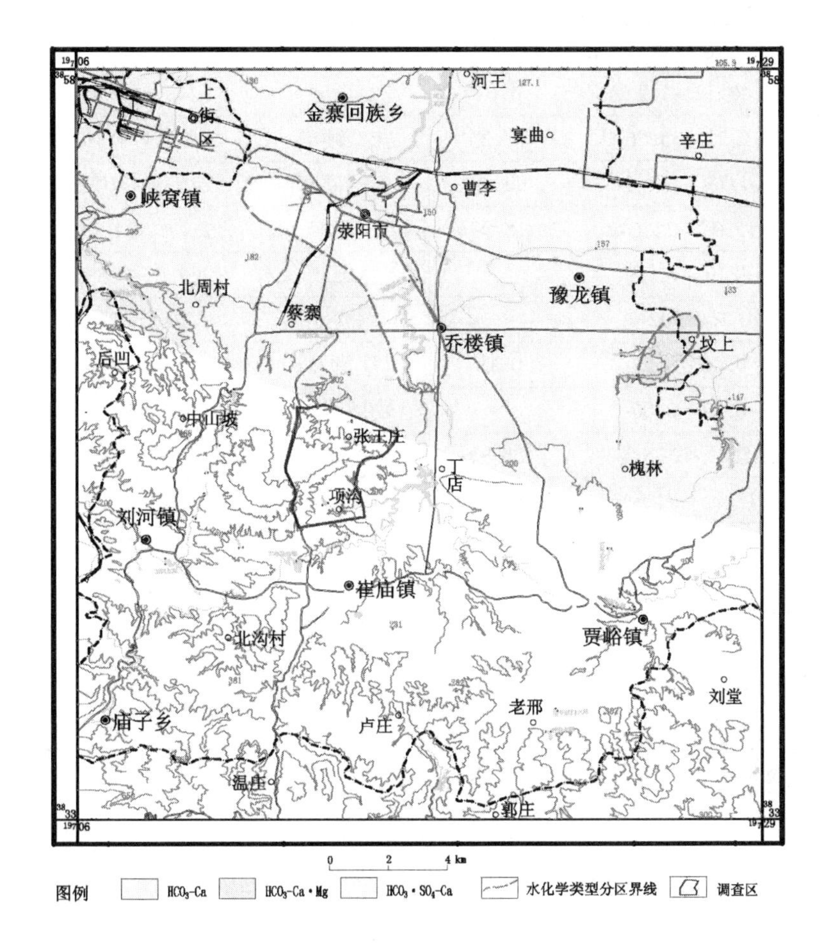

图 10-1　松散岩类孔隙水水化学类型分区

10.1.1.2　**砂岩裂隙水化学类型及水化学特征**

区内砂岩裂隙水水化学成分统计见表 10-2，阳离子以 Ca^{2+}、Mg^{2+} 为主，其次是 Na^{+}；阴离子以 HCO_3^{2-}，其次是 SO_4^{2-}、NO_3^{-}、Cl^{-}。矿化度 278.46 ~ 477.8 mg/L，pH 值 7.2 ~ 7.5，总硬度 199 ~ 397.5 mg/L（以 $CaCO_3$ 计），属低矿化度淡水。根据化学成分含量，按舒卡列夫法分类，基岩裂隙水水化学类型为 HCO_3-Ca，局部地区为 $HCO_3-Ca \cdot Mg$，见图 10-2。

10.1.1.3　**灰岩岩溶水化学类型及水化学特征**

区内灰岩岩溶水水化学成分统计见表 10-3，阳离子以 Ca^{2+}、Mg^{2+} 为主，其次是 Na^{+}；阴离子以 HCO_3^{2-}、SO_4^{2-} 为主，其次是 Cl^{-}、NO_3^{-}。矿化度 351.35 ~ 3 135.51 mg/L，pH 值7.15 ~ 7.6，总硬度 211 ~ 2 319 mg/L（以 $CaCO_3$ 计），除崔庙镇项沟村沟脑附近水质属高矿化度咸水外，其他水质均属低矿化度淡水。根据化学成分含量，按舒卡列夫法分类，基岩裂隙水水化学类型以 HCO_3-Ca 为主。

表 10-2　基岩裂隙水水化学成分统计

项目	范围值	平均值	项目	范围值	平均值
K^+	0.32～1.2	0.65	总硬度	248.5～410	303.78
Na^+	5.59～35.56	17.20	永久硬度	0～114.5	36.57
Ca^{2+}	74.75～122.04	90.44	暂时硬度	225.5～310.5	267.14
Mg^{2+}	15.07～25.64	18.99	负硬度	0～24	6
Fe^{3+}	0.01～0.29		总碱度	225.5～328.5	273.14
Fe^{2+}	<0.002		总酸度	10.5～21	17.63
Al^{3+}	0.06～0.57	0.18	H_2SiO_3	10.4～23.4	18.57
NH_4^+	0.02～0.06		游离 CO_2	9.24～18.49	15.52
Cl^-	5.32～27.65	11.50	COD_{Mn}	0～0.45	0.12
SO_4^{2-}	12.01～71.56	35.89	洗涤剂	<0.05	
HCO_3^-	275.2～400.9	333.43	氰化物	<0.001	
NO_3^-	4.36～44.05	16.98	酚类	<0.002	
NO_2^-	0.04～0.048		溶解性总固体	278.46～477.8	373.17
F^-	0.04～0.76	0.24	pH	7.2～7.5	7.33
HPO_4^{2-}	0.01～0.04				

注：除 pH 外，单位为 mg/L。其中硬度、碱度以 $CaCO_3$ 计。

表 10-3　灰岩岩溶水水化学成分统计

项目	范围值	平均值	项目	范围值	平均值
K^+	0.51～15.8	3.10	总硬度	211～2 319	634.79
Na^+	6.26～47.44	15.22	永久硬度	0～2 147.5	390.79
Ca^{2+}	54.71～741.08	193.36	暂时硬度	171.5～305	244.00
Mg^{2+}	21.14～218.10	65.59	负硬度	0～40	5.71
Fe^{3+}	0.01～3.31	0.67	总碱度	171.5～305	249.71
Fe^{2+}	<0.002		总酸度	13.1～36.8	18.03
Al^{3+}	0.04～0.38	0.15	H_2SiO_3	14.3～26	19.13
NH_4^+	<0.02		游离 CO_2	11.55～32.35	15.85
Cl^-	6.74～65.94	21.17	COD_{Mn}	0.08～1.21	0.48
SO_4^{2-}	36.02～2 047.04	359.81	洗涤剂	<0.05	
HCO_3^-	209.3～372.22	304.75	氰化物	<0.001	
NO_3^-	1.37～50.7	20.07	酚类	<0.002	
NO_2^-	0.004～0.008		溶解性总固体	351.35～3 135.51	818.30
F^-	0.04～3.2	0.61	pH	7.15～7.6	7.34
HPO_4^{2-}	0.01～0.06				

注：除 pH 外，单位为 mg/L。其中硬度、碱度以 $CaCO_3$ 计。

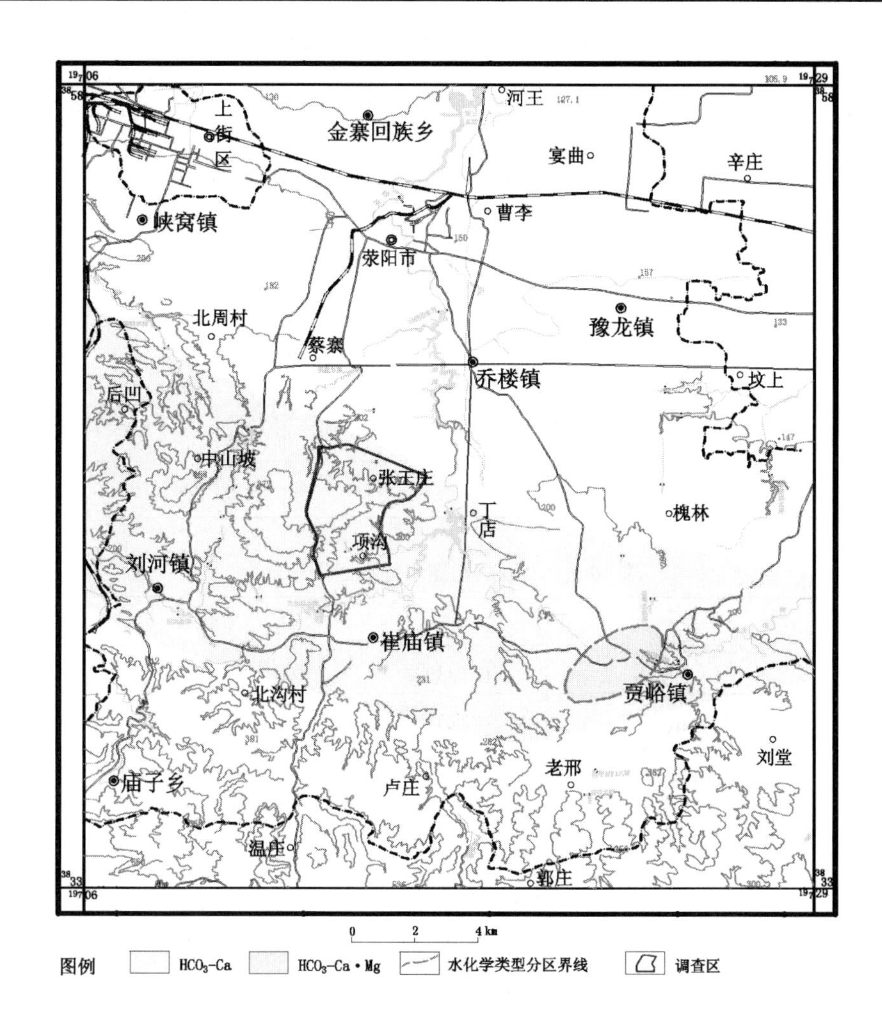

图 10-2　砂岩裂隙水水化学类型分区

10.1.2　地下水水质评价

10.1.2.1　生活饮用水评价

依据《生活饮用水卫生标准》(GB 5749—2006)，并结合地下水水质特点，确定评价因子 19 项，各因子和标准见表 10-4。

1. 松散岩类孔隙水

依据《生活饮用水卫生标准》(GB 5749—2006)对区内松散岩类孔隙水水质进行评价。水质分析结果表明，区内孔隙水无色、无味、透明，矿化度 255.23～529.92 mg/L，pH 值 7.3～7.7，总硬度 199～397.5 mg/L，属中性—弱碱性淡水。15 个孔隙水样中只有 2 个水样 NO_3^- 超标，其他各因子均符合生活饮用水卫生标准，水质较好。超标因子见表 10-5。

表 10-4　生活饮用水质评价因子及标准

评价因子	标准(mg/L)	评价因子	标准(mg/L)	评价因子	标准(mg/L)
pH	6.5~8.5	铁(Fe^{3+})	0.3	镉(Cd)	0.005
碳酸钙总硬度	450	酚(C_6H_5OH)	0.002	六价铬(Cr^{6+})	0.05
溶解性总固体	1 000	氰(CN^-)	0.05	铅(Pb)	0.01
Cl^-	250	砷(As)	0.01	Se	0.01
SO_4^{2-}	250	汞(Hg^+)	0.001	Mn	0.1
硝酸盐(以氮计)	20	Zn	1		
F^-	1.0	Cu	1		

表 10-5　松散层孔隙水超标因子统计

水样编号	水样位置	NO_3^-(以氮计)		
		标准值(mg/L)	分析值(mg/L)	超标倍数
SSS12	荥阳市城关镇小王村	20	25.93	1.30
SSS15	荥阳市京城办曹李村	20	49.16	2.46

2.砂岩裂隙水

依据《生活饮用水卫生标准》(GB 5749—2006)对区内砂岩裂隙水水质进行评价。水质分析结果表明,区内裂隙水无色、无味、透明,矿化度278.46~477.8 mg/L,pH值7.2~7.5,总硬度248.5~410 mg/L,属中性淡水。7个孔隙水样中只有2个水样NO_3^-超标,其他各因子均符合生活饮用水卫生标准,水质较好。超标因子见表10-6。

表 10-6　裂隙水生活饮用水超标因子统计

水样编号	取样位置	NO_3^-(以氮计)		
		标准值(mg/L)	分析值(mg/L)	超标倍数
SYS02	荥阳市刘河镇任洼村	20	44.05	2.20
SYS06	荥阳市刘河镇石庄村	20	33.3	1.66

3.灰岩岩溶水

依据《生活饮用水卫生标准》(GB 5749—2006)对区内灰岩岩溶水水质进行评价。水质分析结果表明,区内岩溶水无色、无味、透明,矿化度351.35~3 135.51 mg/L,pH值7.15~7.6,总硬度211~2 319 mg/L,属中性—弱碱性淡水—微咸水。7个孔隙水样中有4个水样超标,超标因子见表10-7。

表10-7 岩溶水生活饮用水超标因子统计 (单位:mg/L)

水样编号		HYS01	HYS02	HYS03	HYS04
取样位置		崔庙镇项沟村沟脑组	崔庙镇铁顶村	崔庙镇王泉村	崔庙镇石井村
Fe	标准值	0.3			0.3
	分析值	1.23			3.31
	超标倍数	4.1			11.03
NO_3^-	标准值		20	20	20
	分析值		24.88	50.7	25.54
	超标倍数		1.24	2.54	1.28
Mn	标准值	0.1			
	分析值	0.18			
	超标倍数	1.8			
F^-	标准值	1.0			
	分析值	3.2			
	超标倍数	3.2			
总硬度	标准值	450			
	分析值	2 319			
	超标倍数	5.15			
溶解性总固体	标准值	1 000			
	分析值	3 135.51			
	超标倍数	3.14			

10.1.2.2 农田灌溉用水水质评价

水是农业的命脉,农作物离不开水,但水质的好坏对农作物的生长起着促进和抑制作用。水中盐分过多、碱性过高可使农作物枯萎,影响产量。农作物的正常生长对水中各种有害元素含量的要求是不同的。本次采用GB 5084—2005标准(见表10-8)对区内农田灌溉用水水质进行评价,结果表明,各项因子均符合农田灌溉用水水质标准。

为综合评价农田灌溉水质,采用苏联的灌溉系数法和我国推广的盐碱度法进行评价。灌溉系数法计算公式见表10-9,盐碱度法评价的标准见表10-10,通过两种计算方法的评价结果见表10-11。评价结果表明,区内地下水用于农田灌溉除崔庙镇项沟村沟脑组水质中等,其他地区均为完全适用农业灌溉的好水。

表 10-8　农田灌溉水质标准　　(单位:mg/L)

序号	项目		作物分类		
			水作	旱作	蔬菜
1	生化需氧量(BOD_5)	≤	80	150	80
2	化学需氧量(COD_{Cr})	≤	200	300	150
3	悬浮物	≤	150	200	100
4	阴离子表面活性剂(LAs)	≤	5.0	8.0	5.0
5	凯氏氮	≤	12	30	30
6	总磷(以P计)	≤	5.0	10	10
7	水温(℃)	≤	35		
8	pH	≤	5.5~8.5		
9	全盐量	≤	1 000(非盐碱土地区)　2000(盐碱土地区)		
10	氯化物	≤	250		
11	硫化物	≤	1.0		
12	总汞	≤	0.001		
13	总镉	≤	0.005		
14	总砷	≤	0.05	0.1	0.05
15	铬(六价)	≤	0.1		
16	总铅	≤	0.1		
17	总铜	≤	1.0		
18	总锌	≤	2.0		
19	总硒	≤	0.02		
20	氟化物	≤	2.0(高氟区)　3.0(一般区)		
21	氰化物	≤	0.5		
22	石油类	≤	5.0	10	1.0
23	挥发酚	≤	1.0		
24	苯	≤	2.5		
25	三氯乙醛	≤	1.0	0.5	0.5
26	丙烯醛	≤	0.5		
27	硼	≤	1.0(对硅敏感的作物有马铃薯、笋瓜、韭菜、洋葱、柑橘等) 2.0(对硅耐受性较淡的作物有小麦、玉米、青椒、小白菜、葱) 3.0(对硅耐受性强的作物有水稻、萝卜、油菜、甘兰等)		
28	大肠菌群数(个/L)	≤	10 000		
29	蛔虫卵数(个/L)	≤	2		

注:水作:如水稻灌水量 800 m^3/(亩·a)。

旱作:如小麦、玉米、棉花灌水量 300 m^3/(亩·a)。

蔬菜:如大白菜、韭菜、洋葱、卷心菜灌水量 200~500 m^3/(亩·a)。

表10-9　灌溉系数计算

水的化学类型	灌溉系数(K_a)
$r_{Na^+} < r_{Cl^-}$，只有NaCl存在时	$K_a = \frac{288}{5r_{Cl^-}}$
$r_{Cl^-} + r_{SO_4^{2-}} > r_{Na^+} > r_{Cl^-}$ 有NaCl、Na_2SO_4存在时	$K_a = \frac{288}{r_{Na^+} + 4r_{Cl^-}}$
$r_{Na^+} > r_{SO_4^{2-}} + r_{Cl^-}$，有NaCl、$Na_2SO_4$、$Na_2CO_3$存在时	$K_a = \frac{288}{10r_{Na^+} - 5r_{Cl^-} - 9r_{SO_4^{2-}}}$

注：r_{Na^+}、r_{Cl^-}、$r_{SO_4^{2-}}$单位为毫克当量/升。

盐碱度计算方法：

当$r_{Na^+} > r_{Cl^-} + r_{SO_4^{2-}}$时，盐度$= r_{Cl^-} + r_{SO_4^{2-}}$；

当$r_{Na^+} < r_{Cl^-} + r_{SO_4^{2-}}$时，盐度$= r_{Na^+}$；

碱度$= (r_{HCO_3^-} + r_{CO_3^{2-}}) - (r_{Ca^{2+}} + r_{Mg^{2+}})$。

表10-10　灌溉用水水质评价指标

危害盐类		水质类型			
		好水	中等水	盐碱化	重盐碱水
盐害	碱度为0时盐度(meq/L)	<15	15~25	25~40	>40
碱害	盐度小于10时碱度(meq/L)	<4	4~8	8~12	>12
综合危害	矿化度(g/L)	<2	2~3	3~4	>4
灌溉水质评价		长期浇灌对主要作物生长无不良影响，还能把盐碱地浇成好地	长期浇灌或浇灌不当时，对土壤和主要作物有影响，但合理浇灌能避免土壤发生盐碱化	灌溉不当时，土壤盐碱化，主要作物生长不好，必须注意浇灌方法，作物生长良好	浇灌后土壤迅速盐碱化，对作物影响很大，即使特别干旱，也尽量避免过量使用

表 10-11　农田灌溉水质评价结果

编号	位置	灌溉系数法		盐碱害水			
		K_a	水质评价	盐度	碱度	矿化度(g/L)	水质评价
孔隙水							
SSS01	荥阳市豫龙镇张集村	119.01	完全适用	0.58	-0.29	0.32	好
SSS02	乔楼镇张大河村	114.74	完全适用	0.67	-2.74	0.47	好
SSS03	荥阳市乔楼镇油坊门村	125.22	完全适用	0.45	-0.66	0.29	好
SSS04	荥阳市豫龙镇马金岭村	69.06	完全适用	0.27	0.01	0.26	好
SSS05	荥阳市豫龙镇瓦屋孙村	101.05	完全适用	0.51	-0.32	0.30	好
SSS06	荥阳市贾峪镇谷家寨村	55.71	完全适用	0.27	0.11	0.30	好
SSS07	荥阳市豫龙镇南张寨村	48.24	完全适用	0.27	0.40	0.29	好
SSS08	荥阳市城关镇雷垌村	99.31	完全适用	0.40	0.01	0.29	好
SSS09	荥阳市贾峪镇双楼郭村	76.39	完全适用	0.27	0.18	0.28	好
SSS10	荥阳市豫龙镇关帝庙村	150.79	完全适用	0.67	-0.21	0.31	好
SSS11	荥阳市城关镇大街村	44.65	完全适用	0.71	-4.10	0.53	好
SSS12	荥阳市城关镇小王村	105.11	完全适用	0.90	-0.86	0.39	好
SSS13	荥阳市峡窝镇柏庙村	57.37	完全适用	0.52	0.33	0.29	好
SSS14	荥阳市峡窝镇桃园村	171.43	完全适用	0.44	-0.04	0.26	好
SSS15	荥阳市京城办曹李村	53.33	完全适用	0.69	-1.53	0.42	好
裂隙水							
SYS01	项沟村王家庄组	44.79	完全适用	1.09	0.48	0.37	好
SYS02	荥阳市刘河镇任洼村	160.00	完全适用	0.24	-2.29	0.48	好
SYS03	荥阳市乔楼镇冢子岗村	259.46	完全适用	0.51	-0.23	0.33	好
SYS04	荥阳市城关镇槐树洼村	198.62	完全适用	0.25	-0.46	0.28	好
SYS05	荥阳市刘河镇安庄村	30.16	完全适用	0.79	0.36	0.40	好
SYS06	荥阳市刘河镇石庄村	73.85	完全适用	0.62	-1.26	0.41	好
SYS07	荥阳市贾峪镇龙卧凹村	223.26	完全适用	0.58	-0.88	0.35	好
岩溶水							
HYS01	崔庙镇项沟村沟脑组	30.97	完全适用	0.91	-42.95	3.14	中
HYS02	荥阳市崔庙镇铁顶村	110.77	完全适用	0.40	-1.92	0.43	好
HYS03	荥阳市崔庙镇王泉村	110.77	完全适用	0.28	-4.36	0.58	好
HYS04	荥阳市崔庙镇石井村	160.00	完全适用	0.30	-1.35	0.42	好
HYS05	荥阳市崔庙镇王宗店村	147.69	完全适用	0.27	-2.08	0.40	好
HYS06	荥阳市贾峪镇大堰村	246.15	完全适用	0.41	-2.05	0.42	好
HYS07	荥阳市贾峪镇疆坡顶村	23.70	完全适用	1.09	0.80	0.35	好

10.1.2.3　工业用水水质评价

在各类型的工业用水当中，以锅炉用水较多，现仅以锅炉用水的4项指标对研究区地下水水质进行评价。

锅炉用水水质标准见表10-12。地下水锅炉用水水质评价结果见表10-13。由表10-13结果可知，松散岩类孔隙水用于工业用水为锅垢较少—锅垢较多、软沉淀—硬沉淀、不起泡、非腐蚀性水；砂岩裂隙水用于工业用水多为锅垢较少—锅垢较多、软沉淀—中等沉淀、不起泡、非腐蚀性水；灰岩岩溶水用于工业用水多为锅垢较多、中等沉淀—硬沉淀、不起泡、非腐蚀性水。

表10-12　锅炉用水水质标准

<table>
<tr><th colspan="4">成垢作用</th><th colspan="2">起泡作用</th><th colspan="2">腐蚀作用</th></tr>
<tr><th>锅垢总量 H_0</th><th>水质类型</th><th>硬垢系数 K_n</th><th>水质类型</th><th>起泡系数 F</th><th>水质类型</th><th>腐蚀系数 K_k</th><th>水质类型</th></tr>
<tr><td><125</td><td>锅垢很少的水</td><td><0.25</td><td>软沉淀物水</td><td><60</td><td>不起泡的水</td><td>>0</td><td>腐蚀性水</td></tr>
<tr><td>125~250</td><td>锅垢较少的水</td><td>0.25~0.5</td><td>中等沉淀物水</td><td>60~200</td><td>半起泡的水</td><td><0
$K_k+0.05r_{Ca^{2+}}>0$</td><td>半腐蚀性水</td></tr>
<tr><td>250~500</td><td>锅垢较多的水</td><td rowspan="2">>0.5</td><td rowspan="2">硬沉淀物水</td><td rowspan="2">>200</td><td rowspan="2">起泡的水</td><td rowspan="2"><0
$K_k+0.05r_{Ca^{2+}}<0$</td><td rowspan="2">非腐蚀性水</td></tr>
<tr><td>>500</td><td>锅垢很多的水</td></tr>
<tr><td colspan="2">$H_0=S+C+36r_{Fe^{2+}}+17r_{Al^{3+}}+20r_{Mg^{2+}}+59r_{Ca^{2+}}$
H_0—锅垢总量，mg/L；
S—悬浮物含量，mg/L；
C—胶体含量，mg/L</td><td colspan="2">$K_n=H_n/H_0$
$H_n=r_{SiO_2}+20r_{Mg^{2+}}+68(r_{Cl^-}+r_{SO_4^{2-}}-r_{Na^+}-r_{K^+})$</td><td colspan="2">$F=62r_{Na^+}+78r_{K^+}$</td><td colspan="2">酸性水
$K_k=1.008(r_{H^+}+r_{Al^{3+}}+r_{Fe^{2+}}+r_{Mg^{2+}}-r_{CO_3^{2-}}-r_{HCO_3^-})$
碱性水
$K_k=1.008(r_{Mg^{2+}}-r_{HCO_3^-})$</td></tr>
</table>

注：$r_{Fe^{2+}}$、$r_{Mg^{2+}}$、…分别为Fe^{2+}、Mg^{2+}、…离子含量，毫克当量/升。

10.1.2.4　综合评价

依据《地下水质量标准》(GB/T 14848—2017)进行综合评价，标准见表10-14。采用内梅罗综合指数法按五级标准评价。评价组分28项，首先进行单项组评价分类，并按照表10-15计取单项组分值F_i，然后按下式计算总分值F。

$$F=\sqrt{(\overline{F}^2+F_{max}^2)/2} \tag{10-1}$$

式中　$\overline{F}$——平均分值，$\overline{F}=\frac{1}{n}\sum_{i=1}^{n}F_i$；

F_{max}——单项组分分值中的最大值；

n——评价组分数。

表 10-13　锅炉用水水质评价结果

编号	位置	成垢作用		起泡作用	腐蚀作用		水质评价
		锅垢总量 H_0	硬垢系数 K_n	起泡系数 F	腐蚀系数 K_k	$K_k + 0.05r_{Ca^{2+}}$	
孔隙水							
SS01	荥阳市豫龙镇张集村	239.76	0.21	36.74	−3.35	−3.168	锅垢较少、软沉淀、不起泡、非腐蚀性水
SS02	乔楼镇张大河村	345.51	0.70	42.32	−2.52	−2.257	锅垢较多、硬沉淀、不起泡、非腐蚀性水
SS03	荥阳市乔楼镇油坊门村	227.26	0.24	28.68	−2.85	−2.674 5	锅垢较少、软沉淀、不起泡、非腐蚀性水
SS04	荥阳市豫龙镇马金岭村	191.14	0	37.98	−2.87	−2.727	锅垢较少、软沉淀、不起泡、非腐蚀性水
SS05	荥阳市豫龙镇瓦屋孙村	235.29	0.09	40.46	−3.16	−2.986	锅垢较少、软沉淀、不起泡、非腐蚀性水
SS06	荥阳市贾峪镇谷家寨村	239.87	−0.04	44.18	−3.84	−3.653 5	锅垢较少、软沉淀、不起泡、非腐蚀性水
SS07	荥阳市豫龙镇南张寨村	217.45	−0.07	49.14	−3.75	−3.582 5	锅垢较少、软沉淀、不起泡、非腐蚀性水
SS08	荥阳市城关镇雷垌村	232.37	0.03	37.36	−3.61	−3.43	锅垢较少、软沉淀、不起泡、非腐蚀性水
SS09	荥阳市贾峪镇双楼郭村	229.8	−0.01	35.50	−3.78	−3.60	锅垢较少、软沉淀、不起泡、非腐蚀性水
SS10	荥阳市豫龙镇关帝庙村	230.29	0.15	42.32	−3.27	−3.096	锅垢较少、软沉淀、不起泡、非腐蚀性水
SS11	荥阳市城关镇大街村	396.51	0.79	44.02	−1.99	−1.685 5	锅垢较多、硬沉淀、不起泡、非腐蚀性水
SS12	荥阳市城关镇小王村	296.37	0.21	56.58	−3.74	−3.51	锅垢较多、软沉淀、不起泡、非腐蚀性水
SS13	荥阳市峡窝镇柏庙村	200.79	−0.02	57.98	−3.31	−3.161	锅垢较少、软沉淀、不起泡、非腐蚀性水
SS14	荥阳市峡窝镇桃园村	205.47	0.15	28.06	−3.06	−2.905	锅垢较少、软沉淀、不起泡、非腐蚀性水
SS15	荥阳市京城办曹李村	308.77	0.31	44.34	−3.07	−2.84	锅垢较多、硬沉淀、不起泡、非腐蚀性水

续表 10-13

编号	位置	成垢作用		起泡作用	腐蚀作用		水质评价
		锅垢总量 H_0	硬垢系数 K_n	起泡系数 F	腐蚀系数 K_k	$K_k+0.05r_{Ca^{2+}}$	
裂隙水							
SYS01	项沟村王家庄组	247.52	-0.03	97.04	-4.24	-4.052	锅垢较少、软沉淀、半起泡、非腐蚀性水
SYS02	荥阳市刘河镇任洼村	402.53	0.37	16.44	-3.80	-3.495 5	锅垢较多、中等沉淀、不起泡、非腐蚀性水
SYS03	荥阳市乔楼镇冢子岗村	284.22	0.13	32.4	-4.12	-3.902 5	锅垢较多、软沉淀、不起泡、非腐蚀性水
SYS04	荥阳市城关镇槐树洼村	245.04	0.18	16.28	-3.27	-3.083 5	锅垢较少、软沉淀、不起泡、非腐蚀性水
SYS05	荥阳市刘河镇安庄村	288.95	-0.05	98.44	-4.58	-4.369	锅垢较多、软沉淀、半起泡、非腐蚀性水
SYS06	荥阳市刘河镇石庄村	342.63	0.23	39.22	-4.08	-3.813	锅垢较多、软沉淀、不起泡、非腐蚀性水
SYS07	荥阳市贾峪镇龙卧凹村	274.27	0.27	34.42	-3.22	-3.015	锅垢较多、中等沉淀、不起泡、非腐蚀性水
岩溶水							
HYS01	崔庙镇项沟村沟脑组	2 369.99	1.32	88.4	5.97	7.82	锅垢很多、硬沉淀、半起泡、腐蚀性水
HYS02	荥阳市崔庙镇铁顶村	321.17	0.51	30.26	-2.68	-2.45	锅垢较多、硬沉淀、不起泡、非腐蚀性水
HYS03	荥阳市崔庙镇王泉村	487.36	0.56	18.14	-3.22	-2.841	锅垢较多、硬沉淀、不起泡、非腐蚀性水
HYS04	荥阳市崔庙镇石井村	362.62	0.26	19.38	-4.11	-3.837	锅垢较多、中等沉淀、不起泡、非腐蚀性水
HYS05	荥阳市崔庙镇王宗店村	342.95	0.42	18.30	-3.14	-2.879	锅垢较多、中等沉淀、不起泡、非腐蚀性水
HYS06	荥阳市贾峪镇大堰村	338.2	0.48	26.98	-2.92	-2.671 5	锅垢较多、中等沉淀、不起泡、非腐蚀性水
HYS07	荥阳市贾峪镇礓坡顶村	190.87	-0.20	129.28	-3.53	-3.393 5	锅垢较少、软沉淀、不起泡、非腐蚀性水

表 10-14　地下水环境质量评价标准

评价分类	Ⅰ	Ⅱ	Ⅲ	Ⅳ	Ⅴ
色(度)	≤5	≤5	≤15	≤25	>25
嗅和味	无	无	无	无	有
浑浊度(度)	≤3	≤3	≤3	≤10	>10
pH	6.5~8.5			5.5~6.5 或 8.5~9	<5.5 或 >9
总硬度(mg/L)	≤150	≤300	≤450	≤550	>550
溶解性总固体(mg/L)	≤300	≤500	≤1 000	≤2 000	>2 000
硫酸盐(mg/L)	≤50	≤150	≤250	≤350	>350
氯化物(mg/L)	≤50	≤150	≤250	≤350	>350
铁(mg/L)	≤0.1	≤0.2	≤0.3	≤1.5	>1.5
锰(mg/L)	≤0.05	≤0.05	≤0.1	≤1.0	>1.0
铜(mg/L)	≤0.01	≤0.05	≤1.0	≤1.5	>1.5
锌(mg/L)	≤0.05	≤0.5	≤1.0	≤5.0	>5.0
钼(mg/L)	≤0.001	≤0.01	≤0.1	≤0.5	>0.5
钴(mg/L)	≤0.005	≤0.05	≤0.05	≤1.0	>1.0
挥发酚(mg/L)	≤0.001	≤0.001	≤0.002	≤0.01	>0.01
硝酸盐(N)	≤2.0	≤5.0	≤20	≤30	>30
亚硝酸盐(N)	≤0.001	≤0.01	≤0.02	≤0.1	>0.1
氨氮(mg/L)	≤0.02	≤0.02	≤0.2	≤0.5	>0.5
氟化物(mg/L)	≤1.0	≤1.0	≤1.0	≤2.0	>2.0
碘化物(mg/L)	≤0.1	≤0.1	≤0.2	≤1.0	>1.0
氰化物(mg/L)	≤0.001	≤0.01	≤0.05	≤0.1	>0.1
汞(Hg)(mg/L)	≤0.000 05	≤0.000 5	≤0.001	≤0.001	>0.001
砷(As)(mg/L)	≤0.005	≤0.01	≤0.05	≤0.05	>0.05
硒(Se)(mg/L)	≤0.01	≤0.01	≤0.01	≤0.1	>0.1
镉(Cd)(mg/L)	≤0.000 1	≤0.001	≤0.01	≤0.01	>0.01
铬(Cr^{6+})(mg/L)	≤0.005	≤0.01	≤0.05	≤0.1	>0.1
铅(Pb)(mg/L)	≤0.005	≤0.01	≤0.05	≤0.1	>0.1
钡(Ba)(mg/L)	≤0.01	≤0.1	≤1.0	≤4.0	>4.0

表 10-15　地下水质量单项组分评价值

类别	Ⅰ	Ⅱ	Ⅲ	Ⅳ	Ⅴ
F	0	1	3	6	10

表 10-16　地下水质量评价标准

F	<0.8	0.8~2.5	2.5~4.25	4.25~7.2	>7.2
分类	Ⅰ	Ⅱ	Ⅲ	Ⅳ	Ⅴ
评价	优良	良好	较好	较差	极差

根据评价标准(见表 10-16)按地下水质量标准进行地下水质量综合评价。地下水质量评价结果见表 10-17。分析结果表明:

表 10-17　地下水水质质量评价结果

编号	地点	$\overline{F}$	F_{max}	F	质量级别	超标因子
松散岩类孔隙水						
SSS01	荥阳市豫龙镇张集村	0.46	3	2.15	良好	
SSS02	乔楼镇张大河村	0.50	3	2.15	良好	
SSS03	荥阳市乔楼镇油坊门村	0.36	3	2.14	良好	
SSS04	荥阳市豫龙镇马金岭村	0.43	3	2.14	良好	
SSS05	荥阳市豫龙镇瓦屋孙村	0.54	3	2.15	良好	
SSS06	荥阳市贾峪镇谷家寨村	0.46	3	2.15	良好	
SSS07	荥阳市豫龙镇南张寨村	0.43	3	2.14	良好	
SSS08	荥阳市城关镇雷垌村	0.46	3	2.15	良好	
SSS09	荥阳市贾峪镇双楼郭村	0.43	3	2.14	良好	
SSS10	荥阳市豫龙镇关帝庙村	0.43	3	2.14	良好	
SSS11	荥阳市城关镇大街村	0.75	3	2.19	良好	
SSS12	荥阳市城关镇小王村	0.61	6	4.26	较差	NO_3^-
SSS13	荥阳市峡窝镇柏庙村	0.46	3	2.15	良好	
SSS14	荥阳市峡窝镇桃园村	0.39	3	2.14	良好	
SSS15	荥阳市京城办曹李村	0.82	10	7.09	较差	NO_3^-
砂岩裂隙水						
SYS01	项沟村王家庄组	0.89	10	7.10	较差	浑浊度 NO_2^-
SYS02	荥阳市刘河镇任洼村	0.86	10	7.10	较差	NO_3^-
SYS03	荥阳市乔楼镇冢子岗村	0.32	3	2.13	良好	
SYS04	荥阳市城关镇槐树洼村	0.36	3	2.14	良好	
SYS05	荥阳市刘河镇安庄村	0.64	6	4.27	较差	NO_2^-
SYS06	荥阳市刘河镇石庄村	0.71	10	7.09	较差	NO_3^-
SYS07	荥阳市贾峪镇龙卧凹村	0.39	3	2.14	良好	

区内松散岩类孔隙水除 SSS12(荥阳市城关镇小王村)和 SSS15(荥阳市京城办曹李村)NO_3^- 超标,水质较差,其他地区均为水质良好的Ⅱ级水。松散岩类孔隙水质量分区见图 10-3。

区内砂岩裂隙水水质以水质良好的Ⅱ级水和水质较差的Ⅳ级水为主,水质良好的Ⅱ级水主要分布在后凹—中山坡—张王庄—丁店—贾峪镇一带;水质较差的Ⅳ级水主要分布在刘河镇—崔庙镇一带。砂岩裂隙水质量分区见图 10-4。

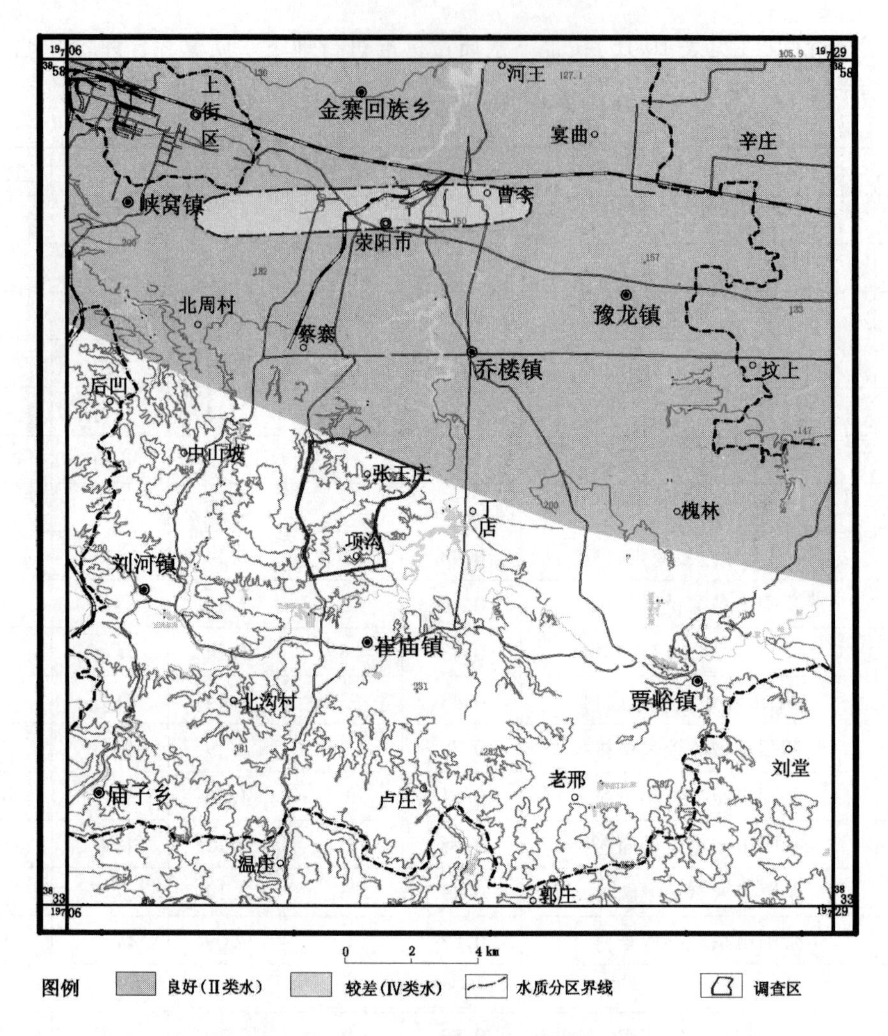

图 10-3 松散岩类孔隙水质量评价分区

10.1.3 地下热水水质评价

本次调查在荥阳万山地质文化产业园区内共布置了两眼地热井，分别为 1#和 2#地热井。1#地热井工程位于荥阳万山地质文化产业园区内，荥阳市崔庙镇项沟村娘庙河东侧、崔庙公路西侧；2#地热井工程位于荥阳万山地质文化产业园区内，井点在荥阳市崔庙镇项沟村沟脑自然村南侧紧临的田地内。根据本次调查结果和以往地热资料的搜集对园区内地下热水水质进行评价。

10.1.3.1 水化学特征

区内地下热水阳离子以钙离子为主，含量为 279.56 ~ 741.08 mg/L，其次是钠、镁离子，含量分别为 20.88 ~ 123.20 mg/L、82.47 ~ 114.21 mg/L；阴离子以硫酸根和碳酸氢根离子为主，含量为 694.51 ~ 2 047.04 mg/L、209.30 ~ 349.03 mg/L，其次是氯离子，含量为 65.94 ~ 199.58 mg/L。溶解性总固体为 1 765.25 ~ 3 135.51 mg/L，pH 值 7.10 ~ 7.15，总

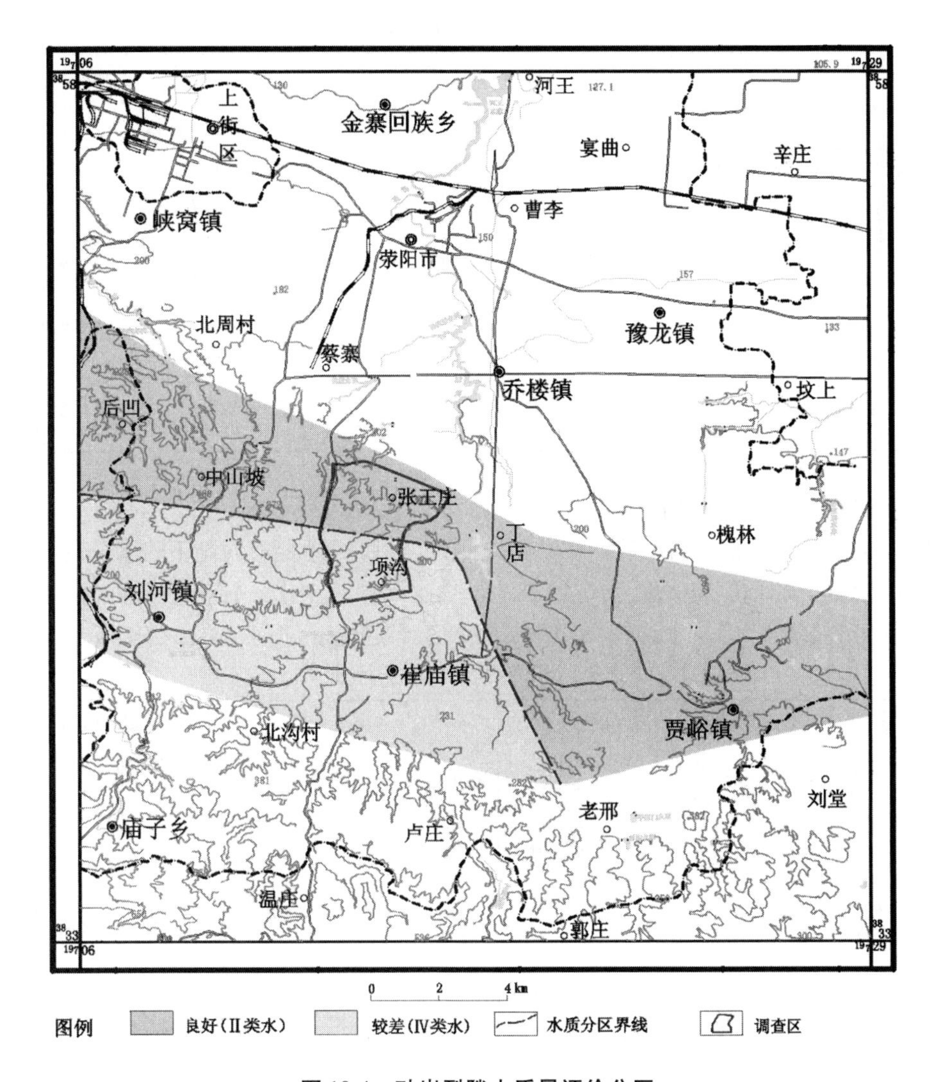

图 10-4 砂岩裂隙水质量评价分区

硬度为 1 037.0 ~2 319 mg/L(以 $CaCO_3$计)。按照舒卡列夫分类法,区内地热水水化学类型主要为 $SO_4-Ca \cdot Mg$ 型、SO_4-Ca 型。

10.1.3.2 饮用水水质评价

对区内地下热水饮用水水质评价采用单因子评价方法,其指数计算式如下:

$$I_i = C_i/C_{0i} \tag{10-2}$$

式中 I_i——单因子水质指数;

C_i——单因子实测浓度;

C_{0i}——单因子标准浓度。

$I_i>1$ 时,说明此因子超标;$I_i\leq1$ 时,说明此因子未超标。由水质分析检测结果,铁、锰、硫酸盐、氟化物、溶解性总固体及色度、浑浊度等均超过生活饮用水卫生标准,见表 10-18。

表 10-18 生活饮用水水质评价

化学组分	饮用水标准限值	1#地热井		2#地热井	
		含量(mg/L)	评价结果	含量(mg/L)	评价结果
铁	0.3	4.47	超标	1.23	超标
硫酸盐	250	694.51	超标	2 047.04	超标
氟化物	1	1.19	超标	3.2	超标
锰	0.1	0.37	超标	0.18	超标
总硬度	450	1 037	超标	2 319	超标
溶解性总固体	1 000	1 765.38	超标	3 135.51	超标
色度	15	45	超标	40	超标
浑浊度	5	24	超标	19	超标

10.1.3.3 锅炉用水水质评价

在各类型的工业用水当中,锅炉用水较多,现仅以锅炉用水指标对地下热水进行评价。

锅炉用水水质评价标准见表 10-19。地下热水锅炉用水水质评价结果见表 10-20。由表 10-20 可知,区内地下热水为锅垢很多、硬沉淀、半起泡—起泡、腐蚀性水。

表 10-19 锅炉用水水质标准

成垢作用				起泡作用		腐蚀作用	
锅垢总量 H_0	水质类型	硬垢系数 K_n	水质类型	起泡系数 F	水质类型	腐蚀系数 K_k	水质类型
<125	锅垢很少的水	<0.25	软沉淀物水	<60	不起泡的水	>0	腐蚀性水
125~250	锅垢较少的水	0.25~0.5	中等沉淀物水	60~200	半起泡的水	<0 $K_k+0.05r_{Ca^{2+}}>0$	半腐蚀性水
250~500	锅垢较多的水	>0.5	硬沉淀物水	>200	起泡的水	<0 $K_k+0.05r_{Ca^{2+}}<0$	非腐蚀性水
>500	锅垢很多的水						
$H_0=S+C+36r_{Fe^{2+}}+17r_{Al^{3+}}+20r_{Mg^{2+}}+59r_{Ca^{2+}}$ H_0—锅垢总量,mg/L; S—悬浮物含量,mg/L; C—胶体含量,mg/L		$K_n=H_n/H_0$ $H_n=r_{SiO_2}+20r_{Mg^{2+}}+68(r_{Cl^-}+r_{SO_4^{2-}}-r_{Na^+}-r_{K^+})$		$F=62r_{Na^+}+78r_{K^+}$		酸性水 $K_k=1.008(r_{H^+}+r_{Al^{3+}}+r_{Fe^{2+}}+r_{Mg^{2+}}-r_{CO_3^{2-}}-r_{HCO_3^-})$ 碱性水 $K_k=1.008(r_{Mg^{2+}}-r_{HCO_3^-})$	

注:$r_{Fe^{2+}}$、$r_{Mg^{2+}}$、…分别为 Fe^{2+}、Mg^{2+}、…离子含量,毫克当量/升。

表 10-20 锅炉用水水质评价结果

地热井编号	锅垢总量(mg/L)	硬垢系数	起泡系数	腐蚀系数 K_k	评价结果
1#地热井	1 939.45	1.15	365.5	1.08	锅垢很多、硬沉淀、起泡、腐蚀性水
2#地热井	2 369.99	1.32	88.4	7.87	锅垢很多、硬沉淀、半起泡、腐蚀性水

10.1.3.4　饮用天然矿泉水水质评价

根据《饮用天然矿泉水》(GB 8537—2018)要求,凡符合表 10-21 各项指标之一者,可称为饮用天然矿泉水。根据水质分析结果,1#地热井锶、锂和溶解性总固体含量达到国家饮用矿泉水标准要求;2#地热井锌、溶解性总固体含量达到国家饮用矿泉水标准。由此可见,区内地下热水符合饮用天然矿泉水界限指标要求。

表 10-21　饮用天然矿泉水界限指标评价

化学组分	国家标准(mg/L)	1#地热井		2#地热井	
		含量(mg/L)	是否达到饮用天然矿泉水标准	含量(mg/L)	是否达到饮用天然矿泉水标准
锂	≥0.20	0.23	是	未测到	否
锶	≥0.20	4.6	是	未测到	否
锌	≥0.20	0.036	否	0.029	是
碘化物	≥0.20	<0.05	否	未测到	否
偏硅酸	≥25	22.1	否	未测到	否
硒	≥0.01	<0.000 1	否	<0.000 1	否
游离二氧化碳	≥250	46.22	否	32.35	否
溶解性总固体	≥1 000	1 765.25	是	3 135.51	是

根据《饮用天然矿泉水》(GB 8537—2018)要求,对水样中限量指标情况进行分析,见表 10-22。从表 10-22 结果中可以看出,1#地热井除了耗氧量、2#地热井除了氟化物超过《饮用天然矿泉水》(GB 8537—2018),其他限量指标均符合《饮用天然矿泉水》(GB 8537—2018)要求。

表 10-22　饮用天然矿泉水限量指标评价

化学组分	国家标准(mg/L)	1#地热井		2#地热井	
		含量(mg/L)	是否超标	含量(mg/L)	是否超标
硒	<0.05	<0.000 1	未超标	<0.000 1	未超标
锑	<0.005	<0.001	未超标	未测到	未超标
砷	<0.01	0.002	未超标	<0.001	未超标
铜	<1.0	0.018	未超标	<0.005	未超标
钡	<0.7	0.1	未超标	未测到	未超标
镉	<0.003	<0.001	未超标	<0.001	未超标
铬	<0.05	<0.001	未超标	<0.001	未超标
铅	<0.01	<0.005	未超标	<0.005	未超标
汞	<0.001	<0.000 1	未超标	未测到	未超标
锰	<0.4	0.37	未超标	0.18	未超标
镍	<0.02	<0.005	未超标	未测到	未超标
银	<0.05	<0.005	未超标	<0.005	未超标
溴酸盐	<0.01	<0.01	未超标	未测到	未超标
硼酸盐	<5	0.16	未超标	未测到	未超标
硝酸盐	<45	<0.004	未超标	1.37	未超标
氟化物	<1.5	0.06	未超标	3.2	超标
耗氧量	<3.0	5.73	超标	未测到	未超标
^{226}镭放射性	<1.1	0	未超标	未测到	未超标

根据《饮用天然矿泉水》(GB 8537—2018)要求,对水样中污染物指标情况进行分析,见表10-23。由表10-23可知,1#地热井和2#地热井水样中污染物指标均未超标,满足《饮用天然矿泉水》(GB 8537—2018)要求。

表10-23　饮用天然矿泉水污染物指标评价

化学组分	国家标准(mg/L)	1#地热井		2#地热井	
		含量(mg/L)	是否超标	含量(mg/L)	是否超标
挥发酚	<0.002	<0.002	未超标	<0.002	未超标
氰化物	<0.01	<0.001	未超标	<0.001	未超标
阴离子合成洗涤剂	<0.3	<0.05	未超标	未测到	未超标
矿物油	<0.05	<0.05	未超标	未测到	未超标
亚硝酸盐	<0.1	<0.004	未超标	<0.004	未超标
总β放射性	<1.5	0	未超标	未测到	未超标

10.1.3.5　医疗热矿水评价

依据《地热资源地质勘查规范》(GB/T 11615—2010)附录E理疗热矿泉水水质标准进行评价,结果如下:1#、2#地热井水样中氟的含量以及水温均达到医疗价值的标准,同时该热水中化学成分十分丰富,含有多种对人体有益的微量元素,如镁、锌、锰、偏硅酸等,并且这些微量元素有较大浓度,见表10-24。

表10-24　医疗热矿水水质评价

成分		含量(mg/L)	标准			评价结果
			有医疗价值浓度	矿水浓度	命名矿水浓度	
1#地热井	氟	1.3	1	2	2	有医疗价值
	温度	38.0	≥25 ℃			温水
2#地热井	氟	3.2	1	2	2	有医疗价值
	温度	48.0	≥25 ℃			温水

综上所述,区内地下热水达到理疗矿泉水水质标准,可以用于理疗、洗浴、采暖、温室种植等行业领域,其经济价值较高。

10.2　地下水资源评价

10.2.1　松散岩类孔隙水资源计算

研究区内松散岩类孔隙水据其埋藏条件划分为浅层水和中深层水。

10.2.1.1　浅层地下水水资源评价

1. 数学模型的确定

根据研究区水文地质条件，依据地下水的补、径、排条件及水均衡原理，建立如下均衡方程：

$$Q_{补} - Q_{排} = \mu F \frac{\Delta H}{\Delta t} \tag{10-3}$$

式中　$Q_{补}$——地下水总补给量，万 m^3/a；

$Q_{排}$——地下水总排泄量，万 m^3/a；

μ——给水度，无量纲；

F——均衡区面积，km^2；

$\frac{\Delta H}{\Delta t}$——均衡时段内地下水水位升降值，m。

区内地下水的补给来源主要有大气降水入渗补给、渠系渗漏补给、河流侧渗补给、农田井灌溉回渗补给、侧向径流补给等；地下水排泄途径主要有农业井灌溉、农村人畜生活用水开采、工业开采、越流排泄、河流排泄、侧向径流排泄、潜水蒸发排泄等。即

$$Q_{补} = Q_{降渗} + Q_{渠灌渗} + Q_{井灌渗} + Q_{河渗漏} + Q_{渠渗漏} + Q_{库渗漏} + Q_{径补} \tag{10-4}$$

$$Q_{排} = Q_{开} + Q_{越流} + Q_{径排} + Q_{蒸} \tag{10-5}$$

式中　$Q_{补}$——地下水总补给量，万 m^3/a；

$Q_{排}$——地下水总排泄量，万 m^3/a；

$Q_{降渗}$——大气降水入渗补给量，万 m^3/a；

$Q_{渠灌渗}$——渠灌回渗补给量，万 m^3/a；

$Q_{井灌渗}$——井灌回渗补给量，万 m^3/a；

$Q_{河渗漏}$——河流渗漏补给量，万 m^3/a；

$Q_{渠渗漏}$——渠系渗漏补给量，万 m^3/a；

$Q_{库渗漏}$——水库渗漏补给量，万 m^3/a；

$Q_{径补}$——侧向径流补给量，万 m^3/a；

$Q_{开}$——包括灌溉、农村人畜生活用水及农村工业用水开采量，万 m^3/a；

$Q_{越流}$——越流排泄量，万 m^3/a；

$Q_{径排}$——侧向径流排泄量，万 m^3/a；

$Q_{蒸}$——潜水蒸发量，万 m^3/a。

2. 计算区划分

浅层水均衡区的范围：西部以研究区的图幅边界为界，为补给边界；北部以研究区的图幅边界为界，为排泄边界；东部至研究区的图幅边界，为零流量边界；南部以黄土丘陵区和低山丘陵区的界线为界，为补给边界。均衡区总面积 336.17 km^2。

依据研究区内地形、地貌及水文地质条件，将研究区划分为三个计算区：Ⅰ区为山前丘陵区，Ⅱ区为黄土丘陵区，Ⅲ区为冲洪积倾斜平原区（见图 10-5、表 10-25）。

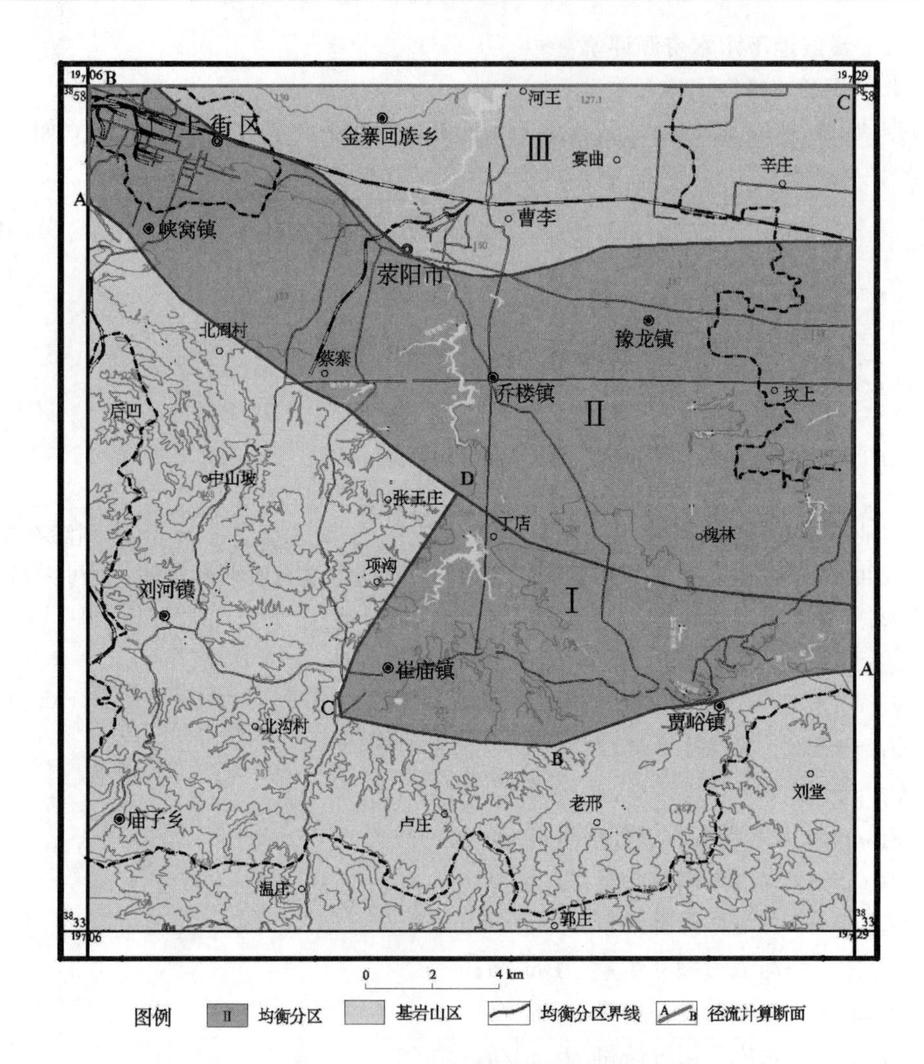

图 10-5　浅层地下水资源计算分区

表 10-25　地下水资源计算分区说明

区号	地貌位置	水文地质特征
Ⅰ	山前丘陵区	面积 66.75 km^2，含水层岩性以中更新统砂砾石层为主
Ⅱ	黄土丘陵区	面积 182.17 km^2，含水层岩性中、上更新统砂及砂砾石层
Ⅲ	冲洪积倾斜平原区	面积 87.25 km^2，含水层岩性以中、上更新统亚砂土为主，砂砾石次之

3. 参数选取及确定

参与地下水资源计算的水文地质参数主要有降水入渗系数(α)、渗透系数(k)、重力给水度(μ)、灌溉回渗系数(β)、地下水水蒸发强度(ε)等。由于区内以往研究程度较高，因此地下水水文地质参数计算较为详细。本次计算所选参数均引自下述 4 个报告：《荥阳市农业区划地下水资源调查评价报告》《郑州幅 1/20 万综合水文地质普查报告》《河南省地下水资源评价报告》《河南省荥阳市地下水资源开发利用区划报告》。

4.地下水资源量计算

1)补给量计算

(1)降水入渗补给量。

降水入渗补给量按下式计算：

$$Q_{降渗} = P_n \cdot \alpha \cdot F \cdot P \cdot 10^2 \quad (10\text{-}6)$$

式中　$Q_{降渗}$——大气降水入渗补给量,万 m^3/a；

P——年大气降水量,mm；

α——大气降水入渗系数；

F——计算区面积,km^2；

P_n——有效大气降水补给系数。

各均衡区降水入渗补给量计算结果见表10-26。

表10-26　各均衡区多年平均降水入渗补给量

区号	计算区面积 $F(km^2)$	有效大气降水补给系数 P_n	大气降水入渗系数 α	荥阳市多年平均降水量 P(mm)	大气降水入渗补给量 $Q_{降渗}$ (万 m^3/a)
Ⅰ	66.75	0.8	0.177	645.5	610.12
Ⅱ	182.17	0.8	0.177	645.5	1 665.07
Ⅲ	87.25	0.8	0.177	645.5	797.47
合计	336.17				3 072.65

(2)渠灌回渗量($Q_{渠灌渗}$)。

区内渠灌主要分布在丁店水库灌区和河王水库灌区,根据多年平均的灌溉需水量,区内农作物以小麦、玉米为代表,按照区内现有渠系灌溉面积依据下式计算：

$$Q_{渠灌渗} = q \cdot \beta \cdot F \quad (10\text{-}7)$$

式中　$Q_{渠灌渗}$——渠灌回渗量,万 m^3/a；

q——渠灌灌水定额,$m^3/(亩 \cdot a)$；

β——渠灌回渗系数,无量纲；

F——渠灌面积,万亩。

计算结果见表10-27。

表10-27　渠灌回渗量计算结果

分区号	渠灌灌水定额 [$m^3/(亩 \cdot a)$]	渠灌回渗系数	渠灌面积 (km^2)	渠灌回渗量 (万 m^3/a)	说明
Ⅰ	293.00	0.03	1.41	18.62	丁店水库灌区
Ⅱ	293.00	0.08	0.95	33.44	丁店水库灌区
Ⅲ	293.00	0.10	3.23	142.11	河王水库灌区
合计				194.16	

(3)井灌回渗量。

区内浅层地下水分布区普遍存在井灌区。根据多年平均的井灌需水量,区内农作物以小麦、玉米为代表,按照区内现有井灌灌溉面积依据下式计算:

$$Q_{井灌渗} = q_1 \cdot \beta_1 \cdot F \tag{10-8}$$

式中 $Q_{井灌渗}$——井灌回渗量,万 m^3/a;

q_1——井灌灌水定额,$m^3/(亩 \cdot a)$;

β_1——井灌回渗系数,无量纲;

F——井灌面积,万亩。

计算结果见表10-28。

表10-28 井灌回渗量计算结果

分区号	井灌灌水定额[$m^3/(亩 \cdot a)$]	井灌回渗系数	井灌面积(km^2)	井灌回渗量(万 m^3/a)
Ⅰ	219	0.05	0.29	4.79
Ⅱ	219	0.05	2.88	47.30
Ⅲ	219	0.08	6.72	176.59
合计				228.67

(4)河流渗漏补给量。

区内河流主要为索河,为季节性河流,只在雨季有径流补给地下水。因此,其渗漏补给量按下式计算:

$$Q_{河渗} = 0.864A \cdot Q_{河}^{1-m} \cdot t \cdot L \tag{10-9}$$

式中 $Q_{河渗}$——河流入渗补给量,万 m^3/a;

$Q_{河}$——河流流量,m^3/s;

L——河流长度,m;

t——计算时段,d;

A、m——修正系数(与河床岩性有关)。

河流渗漏补给量计算结果见表10-29。

表10-29 河流渗漏补给量计算结果

分区号	河流流量(m^3/s)	河流长度(m)	计算时段(d)	A	m	河流渗漏量(万 m^3/a)
Ⅰ	0.25	3 200	105	1.9	0.4	24.01
Ⅱ	0.21	9 500	105	1.9	0.4	64.20
Ⅲ	0.19	8 700	105	1.9	0.4	55.36
合计						143.57

(5)渠系渗漏补给量。

区内主要为水库渠系渗漏补给地下水，其渗漏补给量与包气带岩性、过水面粗糙程度、防渗条件、过水时间、水位埋深等因素有关，渗漏量按下式计算：

$$Q_{渠渗} = Q_{渠} \cdot r \tag{10-10}$$

式中　$Q_{渠渗}$——渠系渗漏补给量，万 m^3/a；

$Q_{渠}$——渠系引水量，万 m^3/a；

r——渠系渗漏系数，无量纲。

计算结果见表 10-30。

表 10-30　渠系渗漏补给量计算结果

分区号	渠系引水量（万 m^3/a）	渠系渗漏系数	渠系渗漏补给量（万 m^3/a）	说明
Ⅰ	35	0.15	5.25	丁店水库灌区
Ⅱ	42	0.15	6.30	丁店水库灌区
Ⅲ	138	0.13	17.94	河王水库灌区
合计			29.49	

（6）水库渗漏补给量。

区内主要有 3 座中型水库，分别是丁店水库、楚楼水库及河王水库，水库对浅层地下水有明显渗透补给，其渗漏量根据库区水文地质条件及库容量确定。

$$Q_{库渗} = Q_{库} \cdot \beta \tag{10-11}$$

式中　$Q_{库渗}$——水库渗漏补给量，万 m^3/a；

$Q_{库}$——水库蓄水库容量，万 m^3/a；

β——水库渗漏系数，无量纲。

计算结果见表 10-31。

表 10-31　水库渗漏补给量计算结果

分区	水库名称	水库平均库容（万 m^3/a）	水库渗漏系数	水库渗漏补给量（万 m^3/a）
Ⅰ	丁店水库	369.63	0.033	12.20
Ⅱ	楚楼水库	147.24	0.14	20.61
Ⅲ	河王水库	355.73	0.18	64.03
总计				96.84

丁店水库区只有下游地表水补给浅层地下水，补给面积约占总面积的 1/3，故渗漏系数取实际渗漏系数的 1/3。

（7）地下水侧向径流补给量。

在研究区西部、西南部及南部存在地下水侧向径流补给，可采用下式计算：

$$Q_{径补} = K \cdot m \cdot I \cdot L \tag{10-12}$$

式中　$Q_{径补}$——地下水径流补给量,万 m^3/a;

K——地下水的渗透系数,m/d;

m——含水层平均厚度,m;

I——地下水平均水力坡度;

L——计算断面长度,m。

地下水侧向径流补给量结果见表 10-32。

表 10-32　地下水侧向径流补给量计算　（单位:万 m^3/a）

分区	计算断面	K (m/d)	L ($\times 10^3$ m)	m (m)	I (‰)	$Q_{径补}$	说明
Ⅱ	A—B	8	5.46	39	2.2	136.79	补给断面
合计						136.79	

综上所述,区内多年平均浅层地下水大气降水入渗补给量为 3 072.65 万 m^3/a,渠灌回渗量为 194.16 万 m^3/a,井灌回渗量为 228.67 万 m^3/a,河流渗漏补给量为 143.57 万 m^3/a,渠系渗漏补给量为 29.49 万 m^3/a,水库渗漏补给量为 96.84 万 m^3/a,地下水侧向径流补给量为 136.79 万 m^3/a,总补给量为 3 902.20 万 m^3/a。

2）排泄量计算

（1）浅层地下水人工开采量计算。

区内浅层地下水开采量主要包括工农业开采量、人畜用水量等。

据荥阳市水利局资料,本次研究区内多年平均的工农业及人畜用水开采量见表 10-33。

表 10-33　浅层地下水开采量统计　（单位:万 m^3/a）

分区	Ⅰ	Ⅱ	Ⅲ
农业开采量	61.63	715.11	863.91
工业开采量	195.84	500.10	456.45
人畜用水	156.04	119.53	121.93
总计	413.52	1 334.74	1 442.28

（2）越流排泄量。

现状条件下,Ⅱ和Ⅲ区浅层地下水水位高于中深层地下水水位,浅层水通过弱透水层向下越流补给中深层水,其越流量按下式计算:

$$Q_{越} = K' \cdot F \cdot t \cdot \Delta H / M' \tag{10-13}$$

式中　$Q_{越}$——浅层水越流量,万 m^3/a;

K'——弱透水层渗透系数,m/d;

M'——弱透水层厚度,m;

F——计算面积,m^2;

ΔH——浅深层水头差,m;

t——计算时段,d。

浅层地下水对中深层水越流量计算结果见表 10-34。

表 10-34　浅层水对中深层水的越流量计算结果

区号	面积(km^2)	垂向渗透系数(m/d)	弱透水层厚度(m)	浅深层水头差(m)	越流量(万 m^3/a)
Ⅱ	182.17	0.001	40	5.5	914.26
Ⅲ	87.25	0.001	40	5.5	437.87
合计					1 352.13

现状条件下，Ⅰ区浅层地下水会直接向下越流补给基岩裂隙水，其越流补给量可视为大气降水对基岩裂隙水的间接补给，根据砂砾石的渗透性，取补给系数 $a=0.055$。浅层水对基岩裂隙水的越流补给量计算结果见表 10-35。

表 10-35　浅层水对基岩裂隙水的越流补给量计算结果

区号	面积(km^2)	补给系数 a	多年平均降水量 P(mm)	越流量(万 m^3/a)
Ⅰ	66.75	0.055	645.5	236.98

(3)侧向径流排泄量。

在研究区北部为地下水侧向径流排泄边界，径流排泄量与径流补给量的计算方法相同，计算结果见表 10-36。

表 10-36　地下水侧向径流排泄量计算　(单位：万 m^3/a)

计算断面	K(m/d)	L($\times10^3$m)	m(m)	I(‰)	$Q_{径排}$	说明
C—D	8	23.52	30	0.89	183.40	排泄断面

(4)潜水蒸发排泄量。

根据地下水动态资料进行蒸发极限埋深相关统计计算，地下水水位埋深大于 6 m 时，蒸发量可忽略不计。据调查，区内浅层水水位埋深均大于 6 m。因此，蒸发排泄量不计。

综上，区内多年平均浅层地下水开采量为 3 190.53 万 m^3/a，越流排泄量为 1 589.11 万 m^3/a，侧向径流排泄量为 183.40 万 m^3/a，潜水蒸发排泄量为 0，总排泄量为4 963.05万 m^3/a。

5. 均衡计算结果

均衡法计算结果见表 10-37，从中可以看出，多年平均浅层地下水总补给量 3 902.18 万 m^3/a，总排泄量 4 963.05 万 m^3/a，均衡差 −1 060.87 万 m^3/a。

表 10-37　浅层水多年平均均衡计算结果

(单位:万 m^3/a)

分区	补给量								排泄量					均衡差
	降水入渗量	渠灌回渗量	井灌回渗量	河流渗漏补给量	渠系渗漏补给量	水库渗漏补给量	地下水侧向径流补给量	合计	开采量	越流排泄量	侧向径流排泄量	潜水蒸发排泄量	合计	
Ⅰ	610.12	18.62	4.79	24.01	5.25	12.20	136.79	811.77	413.52	236.98	0	0	650.50	161.27
Ⅱ	1 665.07	33.44	47.30	64.20	6.30	20.61	0	1 836.91	1 334.74	914.26	0	0	2 248.99	-412.08
Ⅲ	797.47	142.11	176.59	55.36	17.94	64.03	0	1 253.50	1 442.28	437.87	183.40	0	2 063.56	-810.06
总计	3 072.65	194.16	228.67	143.57	29.49	96.84	136.79	3 902.18	3 190.53	1 589.11	183.40	0	4 963.05	-1 060.87

6. 地下水蓄变量及水位变幅

将浅层地下水的总补给量和总排泄量代入均衡公式，计算年平均的地下水蓄变量和水位变幅，计算结果见表 10-38。

表 10-38　浅层地下水蓄变量及水位变幅计算结果

总补给量（万 m^3）	总排泄量（万 m^3）	蓄变量（万 m^3）	面积（km^2）	给水度（无量纲）	水位年变幅 Δh(m/a)
3 902.18	4 963.05	-1 060.87	336.17	0.050	-0.63

从表 10-38 可以得出，均衡区内浅层地下水水位多年平均降幅 0.63 m，计算结果与实际观测结果基本吻合。

10.2.1.2　中深层地下水资源计算

研究区中深层地下水是指埋藏于 60 ~ 300 m 含水层中的地下水。中深层地下水与浅层地下水水力联系比较密切，但其补给条件与浅层水有较大的差异，水力性质也有所不同，区内中深层地下水的主要补给源为浅层水的越流补给、侧向径流补给；排泄以人工开采、侧向径流为主要方式。

根据水文地质条件及含水层时代，本次计算将中深层分成Ⅰ、Ⅱ两个区。中深层地下水计算分区见图 10-6。

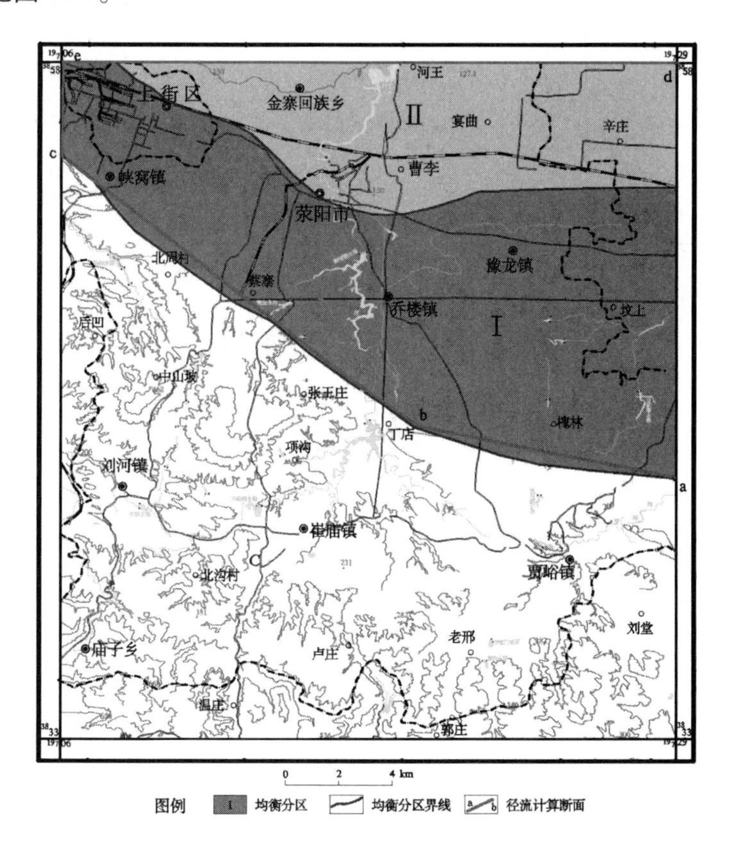

图 10-6　中深层地下水资源计算分区

Ⅰ区为黄土丘陵，含水层时代为N，Q_1，含水层颗粒较粗，岩性为中砂、细砂、卵砾石，厚度一般为30～45 m，水位埋深30～45.37 m，水量较丰富，单井出水量100～1 000 m^3/d。弱含水层岩性为黏土、亚黏土。

Ⅱ区为冲洪积倾斜平原，含水层颗粒粗，岩性为中砂、砂卵砾石，厚度一般为40～65 m，水位埋深40.24～62.96 m，水量丰富，单井出水量大于1 000 m^3/d。弱含水层岩性为黏土、亚黏土。

1. 补给量计算

研究区内中深层地下水普遍接受浅层地下水越流补给，在Ⅰ区的山前黄土丘陵地带还接受基岩裂隙水通过侧向径流补给。浅层水对中深层地下水越流补给量见表10-39。

表10-39　浅层水对中深层地下水越流补给量计算

分区代号	Ⅰ	Ⅱ	合计
越流补给量（万 m^3/a）	914.26	437.87	1 352.13

在研究区西部为中深层地下水侧向径流补给边界，西南部为基岩裂隙水对中深层地下水侧向径流补给边界，径流补给量结果见表10-40。

表10-40　地下水径流补给量计算

分区	计算断面	T (m^2/d)	L ($\times 10^3$m)	I (‰)	$Q_{径补}$ (万 m^3/a)	说明
Ⅰ区	a—b	45	10.20	3.15	527.94	补给断面
	b—c	45	17.02	1.54	430.46	补给断面
	c—e	417.40	3.55	1.32	713.51	补给断面

2. 排泄量计算

中深层水的排泄方式主要是人工开采和侧向径流，据资料显示，研究区内中深层水年开采量达3 056.34万 m^3，见表10-41。

表10-41　中深层地下水开采量统计　（单位：万 m^3/a）

分区	Ⅰ	Ⅱ	总计
开采量	2 010.75	1 045.59	3 056.34

研究区北部为地下水侧向径流排泄边界，地下水径流排泄量结果见表10-42。

表10-42　地下水径流排泄量计算

分区	计算断面	T (m^2/d)	L ($\times 10^3$m)	I (‰)	$Q_{径补}$ (万 m^3/a)	说明
Ⅱ区	d—e	417.4	23.52	0.364	1 304.54	排泄断面

3. 弹性释水量计算

中深层地下水含水层及弱透水层弹性释水量，按下式计算：

$$Q_{弹} = \mu_e \cdot M_{cp} \cdot \Delta h \cdot F \quad Q_{弱弹} = \mu_e' \cdot M_{cp}' \cdot \Delta h \cdot F \tag{10-14}$$

式中 $Q_{弹}$、$Q_{弱弹}$——含水层及弱透水层弹性释水量,万 m^3;

μ_e、μ_e'——含水层及弱透水层弹性比释水系数;

M_{cp}、M_{cp}'——含水层及弱透水层的平均厚度,m;

Δh——区域水位降深,m;

F——计算区面积,km^2。

计算结果见表 10-43。

表 10-43 中深层地下水弹性释水量计算结果

分区代号		Ⅰ	Ⅱ	合计
面积(km^2)		182.17	87.25	269.42
平均厚度(m)	含水层	50.00	95.00	
	弱透水层	75.00	68.00	
比弹性释水系数	含水层	5.13×10^{-5}	4.45×10^{-5}	
	弱透水层	8.15×10^{-5}	8.15×10^{-5}	
区域水位降深(m)		1.00	1.00	
弹性释水量(万 m^3)	含水层	46.73	36.88	83.61
	弱透水层	111.35	48.35	159.70
弹性释水量(万 m^3/a)		158.08	85.24	243.31
设计开采年限(a)		30.00	30.00	
弹性释水量(万 m^3)		4 742.29	2 557.10	7 299.38

4. 中深层地下水允许开采量计算

中深层地下水允许开采量 = 每年区域水位降深 1 m 的弹性释水量 + 浅层地下水越流补给量 + 侧向径流补给量 - 排泄量。计算结果见表 10-44。

表 10-44 中深层地下水允许开采量计算结果

分区	F(km)	$Q_{越补}$(万 m^3/a)	$Q_{弹}$(万 m^3/a)	$Q_{径补}$(万 m^3/a)	$Q_{径排}$(万 m^3/a)	$Q_{允}$(万 m^3/a)
Ⅰ	182.17	914.26	158.08	1 671.92	0	2 744.25
Ⅱ	87.25	437.87	85.24	0	1 304.54	-781.43
合计	269.42	1 352.13	243.31	1 671.92	1 304.54	1 962.82

5. 中深层地下水资源评价

中深层地下水资源量主要由越流补给量、弹性释水量及径流补给量组成,总资源量 3 267.36万 m^3/a,其中越流补给量 1 352.13 万 m^3/a,弹性释水量为 243.31 万 m^3/a,径流补给量 1 671.92 万 m^3/a。排泄量主要为人工开采和径流排泄,其中人工开采量为 3 056.34万 m^3/a,径流排泄量为 1 304.54 万 m^3/a。

中深层地下水每年允许开采量为1 962.82 万 m^3/a,实际开采量为3 056.34 万 m^3/a,均衡差为 -1 093.52 万 m^3/a,处于超采状态。

10.2.2 深层岩溶水资源计算

10.2.2.1 评价方法及参数选择

1.评价方法选择

通过收集前人的资料和实地调查,本次工作查清了区内岩溶地下水系统的边界条件,明确了岩溶地下水各含水层的补排关系。根据已掌握的水文地质资料和调查的成果,本次岩溶地下水水资源量评价采用水量均衡法。

根据地下水量均衡的原理,在地下水均衡计算期内,地下水均衡区的地下水总补给量 $Q_{总补}$、总排泄量 $Q_{总排}$ 与地下水蓄变量 ΔW 三者之间的均衡关系可用下式表达:

$$Q_{总补} - Q_{总排} = \pm \Delta W \tag{10-15}$$

$$\Delta W = 10^2 \cdot \Delta h \cdot \mu \cdot F/t \tag{10-16}$$

式中 $Q_{总补}$——地下水总补给量,万 m^3;

$Q_{总排}$——地下水总排泄量,万 m^3;

ΔW——地下水蓄变量,万 m^3;

Δh——年平均地下水水位变幅,m;

μ——地下水水位变幅带给水度;

F——计算面积,km^2;

t——计算时段长度,a。

岩溶地下水系统的补给源主要是大气降水的入渗补给,其次是南部断面的径流补给,其他水源的补给量较小,可以忽略不计。因此,该系统岩溶地下水的总补给计算公式为:

$$Q_{总补} = Q_{降水} + Q_{径补} \tag{10-17}$$

式中 $Q_{总补}$——总补给量,万 m^3/a;

$Q_{降水}$——降水入渗补给量,万 m^3/a;

$Q_{径补}$——侧向径流补给量,万 m^3/a。

其中各补给量计算公式如下:

(1)降水入渗补给量。

$$Q_{降水} = \alpha \cdot F \cdot X \tag{10-18}$$

式中 $Q_{降水}$——降水入渗补给量,万 m^3/a;

α——年大气降水入渗系数;

F——计算区面积,$\times 10^6 m^2$;

X——多年平均降水量,mm/a。

(2)侧向径流补给量。

在研究区南部存在地下水侧向径流补给,可采用下式计算:

$$Q_{径补} = T \cdot I \cdot L \tag{10-19}$$

式中 $Q_{径补}$——地下水径流补给量,万 m^3/a;

T——地下水的导水系数，m^2/d；

I——地下水平均水力坡度；

L——计算断面长度，m。

(3)排泄量。

本岩溶水系统的主要排泄量为煤矿矿坑排水量和产业园区内地热井开采量。

2. 计算参数选择

在地下水均衡计算公式中，需要确定的水文地质参数有岩溶地下水水位变幅带给水度(μ)和年大气降水入渗系数(α)。

1)岩溶地下水水位变幅带给水度(μ)的确定

根据岩溶水系统含水层岩溶发育特点，结合本区经验，该区岩溶水水位变幅带给水度取 0.003。

2)大气降水入渗系数(α)的确定

根据本区包气带岩性、包气带厚度、地形坡度、裂隙岩溶发育程度、植被覆盖率等因素，结合本区经验，本次大气降水入渗系数取值分为二个大区(见图 10-7)，分别为：

(1)裸露区(Ⅰ)。主要是指寒武系、奥陶系碳酸盐岩出露于地表的区域，其地层岩性主要为白云质灰岩，岩溶裂隙不发育，该区 α 取值为 0.09。

(2)埋藏区(Ⅱ)。是指碳酸盐岩埋藏于石炭系、二叠系等碎屑岩之下的区域，不接受到大气降水的入渗，故大气降水入渗系数为 0。

10.2.2.2　多年平均岩溶水资源计算

1. 总补给量($Q_{总补}$)

总补给量包括大气降水的入渗补给量和南部的侧向径流补给量。

(1)大气降水的入渗补给量。

岩溶水系统各参数取值见表 10-45，代入降水入渗公式，得到大气降水补给量。用多年平均的降水量计算大气降水的入渗补给量。

表 10-45　多年平均降水入渗补给量

分区	地层时代	降水入渗系数 α	降水入渗面积 $F(\times 10^6 m^2)$	多年平均降水量 X(m/a)	降水入渗补给量(万 m^3/a)
裸露碳酸盐岩区	寒武、奥陶	0.09	142.79	0.645 5	829.54
总计					829.54

(2)侧向径流补给量。

经计算，南断面 A—B 侧向径流补给量合计为 536.64 万 m^3/a，见表 10-46。

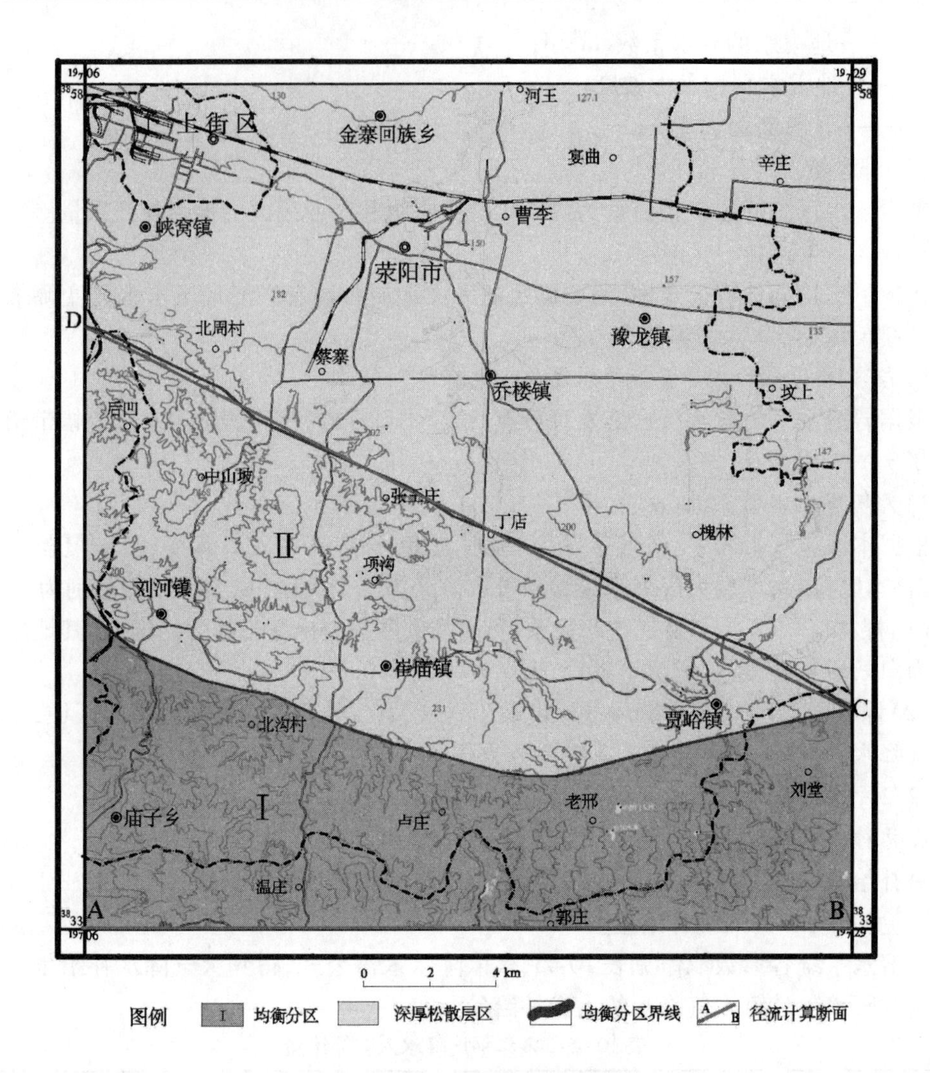

图 10-7　岩溶地下水资源计算分区

表 10-46　侧向径流补给量计算结果

计算断面	T (m^2/d)	L ($\times 10^3 m$)	I (‰)	$Q_{径补}$ (万 m^3/a)	说明
A—B	25.00	23.52	2.50	536.64	补给断面

综上计算，多年平均岩溶水大气降水入渗补给量为 829.54 万 m^3/a，侧向径流补给量为536.64万 m^3/a，总补给量为 1 366.18 万 m^3/a。

2. 总排泄量（$Q_{总排}$）

岩溶水系统的主要排泄量为矿坑排水量、产业园区内地热井开采量、其他零星开采井，以及径流排泄量，主要排泄量统计结果见表 10-47，径流排泄量见表 10-48。

表 10-47　岩溶水系统内主要排泄量统计

编号	用水项目	开采量（万 m^3/a）
1	徐庄煤矿矿坑排水	165.00
2	王河煤矿矿坑排水	515.98
3	崔庙煤矿矿坑排水	181.76
4	顺发煤矿矿坑排水	59.40
5	产业园 1#地热井	7.68
6	产业园 2#地热井	20.40
7	崔庙镇王宗店村北取水井	2.19
8	崔庙镇王宗店村康坟组取水井	3.94
9	崔庙镇古城取水井	3.29
合计		959.64

表 10-48　径流排泄量计算结果

计算断面	T (m^2/d)	L ($\times 10^3 m$)	I (‰)	$Q_{径补}$ (万 m^3/a)	说明
C—D	25.00	26.19	1.50	358.50	排泄断面

据调查统计资料计算，多年平均岩溶水系统内总排泄量为 1 318.14 万 m^3/a。

3. 地下水蓄变量及水位变幅

根据地下水补给量和排泄量，通过均衡公式，计算地下水蓄变量和水位变幅，计算结果见表 10-49。

表 10-49　岩溶水系统地下水蓄变量计算结果

项目	总补给量	总排泄量	地下水蓄变量
数值（万 m^3）	1 366.18	1 318.14	48.04

岩溶水系统总补给量略大于总排泄量，地下水资源年蓄变量为 48.04 万 m^3。根据地下水蓄变量，预测地下水水位年平均变幅见表 10-50。

表 10-50　地下水水位变幅计算结果

分区	蓄变量 ΔW（万 m^3/a）	面积 S(km^2)	给水度	水位年变幅 Δh(m/a)
全区	48.04	289.85	0.003	0.55

4. 计算结果评价

岩溶水系统总补给量略大于总排泄量，该系统为正均衡，与现状的情况基本符合。

10.2.2.3　典型年岩溶水资源均衡分析

现选取丰水年、平水年和枯水年3种典型年份，分别进行岩溶水资源均衡分析计算。

1. 补给量

根据本岩溶水系统水文地质条件分析，受大气降水影响的补给量主要是降水入渗量。

根据荥阳市降水量频率曲线，选取丰水年（$P=25\%$）、平水年（$P=50\%$）和枯水年（$P=75\%$）的降水量资料，计算不同频率年的降水补给量。

计算参数选择同前，各不同降水频率的入渗补给量计算结果见表10-51。

表10-51　各典型年的入渗补给量

分区	地层时代	降水入渗系数 α	降水入渗面积 $F(\times10^6 m^2)$	丰水年（$P=25\%$）	平水年（$P=50\%$）	枯水年（$P=75\%$）
裸露碳酸盐岩区	∈、O2	0.09	142.79	0.760 8	0.633 7	0.520 5
总计	降水入渗补给量（万 m^3）			977.71	814.37	668.90

2. 排泄量

根据调查资料，岩溶水系统的主要排泄途径不受降水量影响。因此，总开采量受降水量变化影响很小，排泄量按照多年平均计算成果，为959.64万 m^3/a。

根据地下水补给量和排泄量，通过均衡公式，计算地下水蓄变量和水位变幅，计算结果见表10-52。

表10-52　各典型年地下水资源蓄变量计算结果　　（单位：万 m^3）

典型年	总补给量	总排泄量	地下水蓄变量
丰水年	1 514.35	1 318.14	196.21
平水年	1 351.01	1 318.14	32.87
枯水年	1 205.54	1 318.14	-112.60

从表10-52可以看出，在枯水年，岩溶水系统总补给量小于总排泄量，地下水将处于负均衡状态。各典型年地下水年平均变幅见表10-53。

表10-53　各典型年地下水水位变幅计算结果

典型年	蓄变量 ΔW（万 m^3/a）	面积 $S(km^2)$	给水度	水位年变幅 $\Delta h(m/a)$
丰水年	196.21	289.854	0.003	2.26
平水年	32.87	289.854	0.003	0.38
枯水年	-112.60	289.854	0.003	-1.29

10.2.2.4　岩溶水可采资源量计算

地下水可采资源量（允许开采量）是指在经济合理、技术可能且不发生因开采地下水而造成水位持续下降、水质恶化、海水入侵、地面沉降等水环境问题和不对生态环境造成不良影响的情况下，允许从含水层中取出的最大水量。地下水总补给量是地下水可开采量的上限值。

由于受自然因素和地下水可采条件的限制，地下水的补给量是不可能全部被开发利用的，因此需要评价确定可合理开发利用地下水资源量，即地下水可采资源量。本次评价采用可开采系数法计算。

计算公式为：

$$Q_{可采} = Q_{总补} \cdot \rho \tag{10-20}$$

式中　$Q_{可采}$——地下水可开采量，万 m^3；

$Q_{总补}$——地下水总补给量，万 m^3；

ρ——可开采系数，取值小于 1.0。

可开采系数 ρ 根据开采条件、实际开采情况和地下水动态等综合分析确定。

为了合理确定可开采系数 ρ，本次根据地形地貌、水文地质条件及开发利用条件及现状等，合理拟定可开采系数为 0.8。

经计算，多年平均的岩溶水系统岩溶可开采量为 1 092.94 万 m^3/a。

10.2.2.5　岩溶地下水资源评价

多年平均条件下，岩溶水系统可开采量为 1 092.94 万 m^3/a(2.99 万 m^3/d)，开采模数为 3.77；丰水年条件下，岩溶水系统可开采量为 1 211.48 万 m^3/a(3.32 万 m^3/d)，开采模数为 4.18 万 $m^3/(km^2 \cdot a)$；平水年条件下，岩溶水系统可开采量为 1 080.81 万 m^3/a(2.96 万 m^3/d)，开采模数为 3.73 万 $m^3/(km^2 \cdot a)$；枯水年条件下，岩溶水系统可开采量为 964.43 万 m^3/a(2.64 万 m^3/d)，开采模数为 3.33 万 $m^3/(km^2 \cdot a)$，见表 10-54。

表 10-54　岩溶水系统水资源评价

典型年	可开采资源		面积	可开采模数
	(万 m^3/a)	(万 m^3/d)	(km^2)	[万 $m^3/(km^2 \cdot a)$]
多年平均	1 092.94	2.99	289.85	3.77
丰水年	1 211.48	3.32	289.85	4.18
平水年	1 080.81	2.96	289.85	3.73
枯水年	964.43	2.64	289.85	3.33

10.2.3　基岩裂隙水资源评价

10.2.3.1　评价方法及参数选择

1. 评价方法选择

本次基岩裂隙水资源量评价采用水量均衡法，均衡原理同岩溶地下水均衡的原理，此处不再阐述。

基岩裂隙水的补给源主要是大气降水的入渗补给，其次是上层松散岩类孔隙水的越流补给以及南部断面的径流补给，其他水源的补给量较小，可以忽略不计。因此，该基岩裂隙水的总补给计算公式为

$$Q_{总补} = Q_{降水} + Q_{越流补给} + Q_{径流} \tag{10-21}$$

式中 $Q_{总补}$——总补给量,万 m^3/a;

$Q_{降水}$——降水入渗补给量,万 m^3/a;

$Q_{越流补给}$——上层越流补给量,万 m^3/a;

$Q_{径流}$——侧向径流补给量,万 m^3/a。

其中各补给量计算公式如下:

(1)降水入渗补给量。

$$Q_{降水} = \alpha \cdot F \cdot X \tag{10-22}$$

式中 $Q_{降水}$——降水入渗补给量,万 m^3/a;

α——年大气降水入渗系数;

F——计算区面积,$\times 10^6 m^2$;

X——多年平均降水量,mm/a。

(2)上层越流补给量。主要是覆盖区浅层地下水对基岩裂隙水的越流补给量。

(3)侧向径流补给量。在研究区西部存在地下水侧向径流补给,可采用下式计算:

$$Q_{径补} = T \cdot I \cdot L \tag{10-23}$$

式中 $Q_{径补}$——地下水径流补给量,万 m^3/a;

T——地下水的导水系数,m^2/d;

I——地下水平均水力坡度;

L——计算断面长度,m。

(4)排泄量。基岩裂隙水的主要排泄量为人工开采量和径流排泄量。

2. 计算参数选择

在地下水均衡计算公式中,需要确定的水文地质参数有基岩裂隙水位变幅带给水度(μ)和年大气降水入渗系数(α)。

(1)地下水位变幅带给水度(μ)的确定。

根据基岩裂隙水含水层发育特点,结合本区经验,该区基岩裂隙水位变幅带给水度取0.004 5。

(2)大气降水入渗系数(α)的确定。

根据本区包气带岩性、包气带厚度、地形坡度、节理、裂隙发育程度、植被覆盖率等因素,结合本区经验,本次基岩裸露区大气降水入渗系数取值为0.1,埋藏区不接受大气降水的入渗,大气降水入渗系数为0。

10.2.3.2 多年平均基岩裂隙水资源计算

基岩裂隙水资源计算分区见图10-8。

1. 总补给量($Q_{总补}$)

总补给量包括大气降水的入渗补给量、覆盖区浅层地下水对基岩裂隙水的越流补给量和西部的径流补给量。

(1)大气降水的入渗补给量。

基岩裂隙水裸露区各参数取值见表10-55,代入降水入渗公式,得到大气降水补给量。

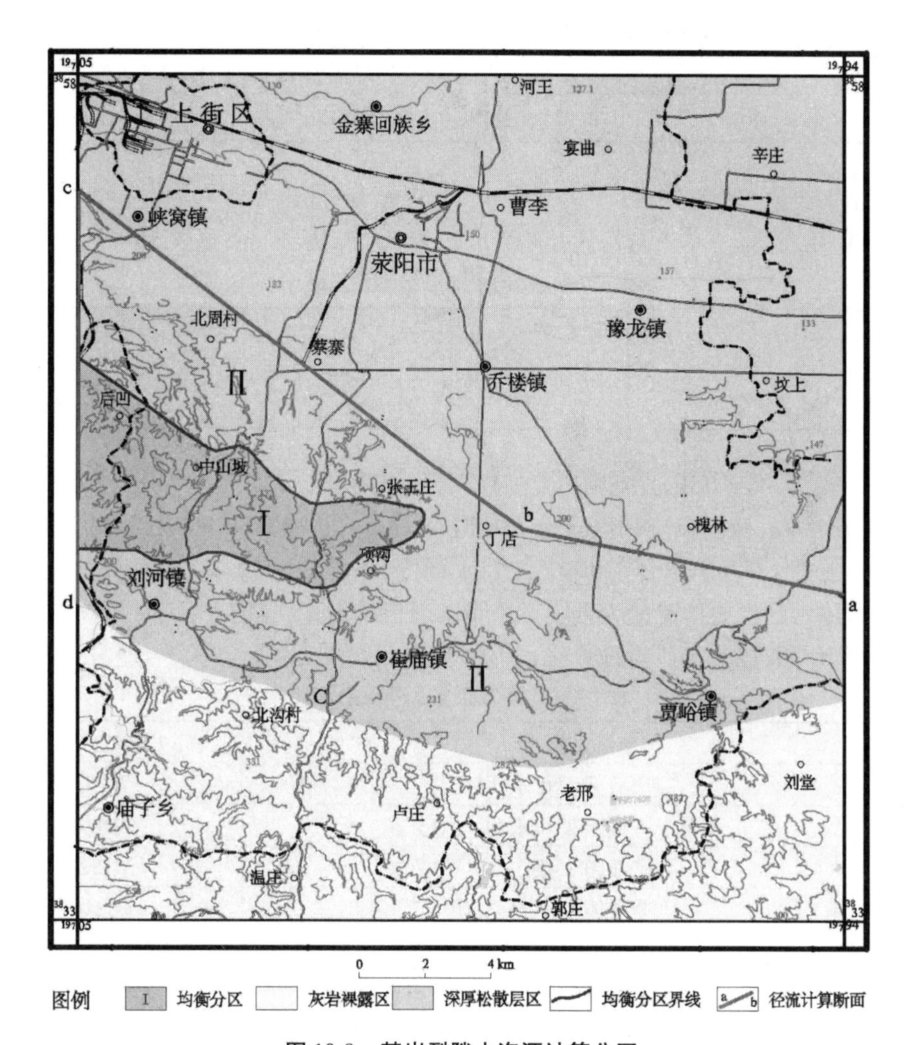

图 10-8　基岩裂隙水资源计算分区

用多年平均的降水量计算大气降水的入渗补给量。

表 10-55　多年平均降水入渗补给量

分区	地层时代	降水入渗系数 α	降水入渗面积 $F(\times 10^6 m^2)$	多年平均降水量 X(m/a)	降水入渗补给量（万 m^3/a)
砂岩裸露区	P	0.1	33.35	0.645 5	215.24
总计					215.24

(2)上层越流补给量。

主要是浅层地下水对覆盖区基岩裂隙水的越流补给量。覆盖区(Ⅱ)的地层岩性主要为砾石、亚砂土等第四系松散岩层，浅层地下水越流补给基岩裂隙水，可以看作大气降水对基岩裂隙水的间接补给，根据砂砾石的渗透性，取补给系数 $a=0.055$。浅层水对基岩裂隙水的越流补给量计算结果见表 10-56。

表 10-56　浅层水对基岩裂隙水的越流补给量计算结果

区号	面积(km^2)	a	多年平均降水量 P(mm)	越流量(万 m^3/a)
Ⅱ	66.75	0.055	645.5	236.98

(3)侧向径流补给量。

经计算,西断面 c—d 侧向径流补给量合计为 20.85 万 m^3/a,见表 10-57。

表 10-57　侧向径流补给量计算结果

计算断面	T (m^2/d)	L ($\times 10^3$m)	I (‰)	$Q_{径补}$ (万 m^3/a)	说明
c—d	45	12.36	3.8	771.57	补给断面

综上计算,多年平均基岩裂隙水大气降水补给量为 215.24 万 m^3/a,上层越流补给量为 236.98 万 m^3/a,侧向径流补给量为 771.57 万 m^3/a,总补给量为 1 223.80 万 m^3/a。

2. 总排泄量 ($Q_{总排}$)

基岩裂隙水的主要排泄量为人工开采量及径流排泄量,经调查,区内基岩裂隙水开采量统计见表 10-58,径流排泄量计算见表 10-59。

表 10-58　基岩裂隙水开采量统计

编号	用水项目	开采量(万 m^3/a)
1	产业园 1#供水井	7.68
2	产业园 2#供水井	10.80
3	产业园 3#供水井	23.52
4	产业园 4#供水井	15.60
5	乔楼镇傅河六道口村取水井	13.14
6	贾峪镇岵山东顶村取水井	8.76
7	贾峪镇邢寨村取水井	10.07
8	贾峪镇石佛沟取水井	10.51
9	刘河镇安庄村取水井	4.38
10	崔庙镇壮沟村东取水井	14.45
11	索河办槐树洼村王西组取水井	6.57
12	刘河镇任洼村取水井	10.07
13	刘河镇小寨取水井	10.77
14	崔庙镇芦庄取水井	15.33
15	贾峪镇鹿村取水井	18.83
16	贾峪镇塔山取水井	17.08
17	贾峪镇庙前村取水井	13.49
18	贾峪镇大堰取水井	14.63
19	乔楼镇陈沟村取水井	10.86
合计		236.57

表 10-59　基岩裂隙水径流排泄量计算

分区	计算断面	T (m^2/d)	L ($\times 10^3 m$)	I (‰)	$Q_{径补}$ (万 m^3)	说明
Ⅰ区	a—b	45	10.20	3.15	527.94	排泄断面
	b—c	45	17.02	1.54	430.46	补给断面

据调查统计资料，区内多年平均基岩裂隙水总排泄量为 1 194.97 万 m^3/a。

3. 地下水蓄变量及水位变幅

根据地下水补给量和排泄量，通过均衡公式，计算地下水蓄变量和水位变幅，计算结果见表 10-60。

表 10-60　基岩裂隙水蓄变量计算结果

项目	总补给量	总排泄量	地下水蓄变量
数值(万 m^3)	1 223.80	1 194.97	28.83

基岩裂隙水总补给量略大于总排泄量，地下水资源年蓄变量为 28.83 万 m^3。根据地下水蓄变量，计算地下水水位年平均变幅，计算结果见表 10-61。

表 10-61　地下水水位变幅计算结果

分区	蓄变量 ΔW(万 m^3/a)	面积 S(km^2)	给水度	水位年变幅 Δh(m/a)
全区	28.83	161.85	0.004 5	0.40

4. 计算结果评价

多年平均条件下，基岩裂隙水总补给量略大于总排泄量，处于基本或正均衡状态，与实际情况基本吻合。

10.2.3.3　典型年基岩裂隙水资源均衡分析

选取丰水年、平水年和枯水年 3 种典型年份，分别进行基岩裂隙水资源均衡分析计算。

1. 补给量

根据本区基岩裂隙水文地质条件分析，受大气降水影响的补给量主要是降水入渗量和上层水越流补给量。

(1)大气降水的入渗补给量。

计算参数选择同上，各不同降水频率的入渗补给量计算结果见表 10-62。

表 10-62　各典型年的入渗补给量

分区	地层时代	降水入渗系数 α	降水入渗面积 F($\times 10^6 m^2$)	丰水年 ($P=25\%$)	平水年 ($P=50\%$)	枯水年 ($P=75\%$)
砂岩裸露区	P	0.1	33.345 2	0.760 8	0.633 7	0.520 5
总计	降水入渗补给量(万 m^3)			253.69	211.31	173.56

（2）上层越流补给量。

覆盖区不同降水频率下，浅层地下水对基岩裂隙水的越流补给量见表10-63。

表10-63　各典型年浅层地下水对基岩裂隙水的越流补给量

典型年	面积（km^2）	降水入渗系数 α	降水量 P（mm）	越流补给量（万 m^3/a）
丰水年	66.75	0.055	760.8	279.31
平水年	66.75	0.055	633.7	232.65
枯水年	66.75	0.055	520.5	191.09

2. 排泄量

根据调查资料，区内基岩裂隙水开采量基本不受降水量影响。因此，总开采量受降水量变化影响很小，总排泄量按照多年平均计算成果，为1 194.97万 m^3/a。

根据地下水补给量和排泄量，通过均衡公式，计算地下水蓄变量和水位变幅，计算结果见表10-64。

表10-64　各典型年地下水资源蓄变量计算结果　　（单位：万 m^3）

典型年	总补给量	总排泄量	地下水蓄变量
丰水年	1 304.57	1 194.97	109.60
平水年	1 215.53	1 194.97	20.56
枯水年	1 136.23	1 194.97	-58.75

从表10-64可以看出，在枯水年，基岩裂隙水总补给量小于总排泄量，地下水将处于负均衡状态。各典型年地下水水位年平均变幅见表10-65。

表10-65　各典型年地下水水位年平均变幅计算结果

典型年	蓄变量 ΔW（万 m^3/a）	面积 S（km^2）	给水度	水位年平均变幅 Δh（m/a）
丰水年	109.60	161.85	0.004 5	1.50
平水年	20.56	161.85	0.004 5	0.28
枯水年	-58.75	161.85	0.004 5	-0.81

10.2.3.4　基岩裂隙水可采资源量计算

由于受自然因素和地下水可采条件的限制，地下水的补给量是不可能全部被开发利用的。因此，需要评价确定可合理开发利用地下水资源量，即地下水可采资源量。本次评价，采用可开采系数法计算。

计算公式为：

$$Q_{可采} = Q_{总补} \cdot \rho \tag{10-24}$$

式中　$Q_{可采}$——地下水可开采量，万 m^3；

$Q_{总补}$——地下水总补给量，万 m^3；

ρ——可开采系数，取值小于 1.0。

可开采系数 ρ 根据开采条件、实际开采情况和地下水动态等综合分析确定。

为了合理确定可开采系数 ρ，本次根据地形地貌、水文地质条件及开发利用条件及现状等，合理拟定可开采系数为 0.7。

经计算，多年平均基岩裂隙水可开采量为 856.66 万 m^3。

10.2.3.5　基岩裂隙水资源评价

多年平均条件下，基岩裂隙水系统可开采量为 856.66 万 m^3/a(2.35 万 m^3/d)，开采模数为 5.29 万 $m^3/(km^2 \cdot a)$；丰水年条件下，基岩裂隙水系统可开采量为 913.20 万 m^3/a (2.50 万 m^3/d)，开采模数为 5.64 万 $m^3/(km^2 \cdot a)$；平水年条件下，基岩裂隙水系统可开采量为 850.87 万 m^3/a (2.33 万 m^3/d)，开采模数为 5.26 万 $m^3/(km^2 \cdot a)$；枯水年条件下，基岩裂隙水系统可开采量为 795.36 万 m^3/a (2.18 万 m^3/d)，开采模数为 4.91 万 $m^3/(km^2 \cdot a)$，见表 10-66。

表 10-66　基岩裂隙水资源评价

典型年	可开采资源		面积	开采模数
	(万 m^3/a)	(万 m^3/d)	(km^2)	[万 $m^3/(km^2 \cdot a)$]
多年平均	856.66	2.35	161.85	5.29
丰水年	913.20	2.50	161.85	5.64
平水年	850.87	2.33	161.85	5.26
枯水年	795.36	2.18	161.85	4.91

10.3　地热资源评价

10.3.1　储热地层特征

10.3.1.1　热储类型

根据目前产业园区地热井开采深度和热储埋藏深度，万山地热为断裂构造类型，热储层为奥陶系－寒武系碳酸盐岩岩溶裂隙热储层，热储类型属超深层热储（埋深 1 000～2 000 m)，水温 38～48 ℃，属于温热水。

10.3.1.2　热储层特征

热储层岩性以碳酸盐岩为主，区内经历多次构造运动，岩层产生节理，同时由于历史时期的风化剥蚀、淋滤作用，因此岩层储集空间发育，主要表现为溶隙、裂隙。热储溶隙发育程度虽随深度增加减弱，构造位置不同，其水温、水质、水量有较大的差异。在构造带附近，裂隙及溶隙发育，富水性较好。

该热储层地下水的补给主要为西部山区降水，沿断裂和裂隙较发育带径流补给，地下水径流缓慢。

热储层顶板埋深 950 ~ 1 100 m，底板埋深 2 000 ~ 2 200 m，热储介质主要为灰岩、白云质灰岩，厚度 70 ~ 120 m。根据《荥阳万山地质文化产业园地热资源勘查 1#孔竣工报告》，该区为嵩其复背斜的北翼，岩层倾向北偏东，倾角 11° ~ 21°。该区为低山基岩区至山前冲积平原区，热储层为寒武系、奥陶系碳酸盐岩。

10.3.2　产业园区地热资源评价

产业园范围及地热井分布位置如图 10-9 所示。

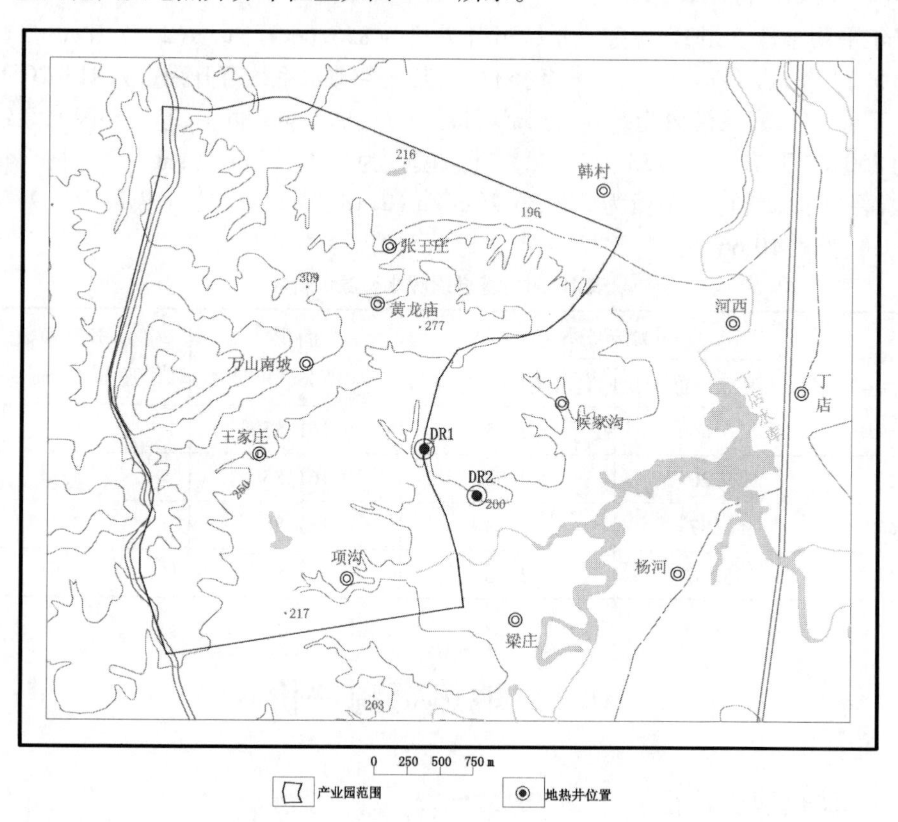

图 10-9　产业园范围及地热井分布位置

10.3.2.1　地热水天然资源计算评价原则

（1）工作区地热资源为低温热水型，地热资源的估算限定为地下热水资源，本次计算以古生界寒武 - 奥陶系热水层为开采对象。

（2）分析计算工作区内已完成的两眼地热井，采用国际上通用的储量体积法进行计算，分析计算参数的选取和确定方法应符合《地热资源地质勘查规范》（GB 11615—2010）和《地热资源评价方法》（DZ 40—85）。

（3）产业园区的地热资源量（热量）计算在工作区已完成的两眼地热井的综合分析研

究基础上,根据形成地热资源的地质条件和热储特征,采用类比法、水文地质学法进行计算。

(4)根据工作区热储藏层特征和现状开采技术条件,根据掌握的现有资料,本次计算地热水资源指埋藏于 1 000 ~2 000 m 的含水层,含水介质主要由灰岩和白云岩组成。规定本次计算深度下界为 2 000 m。

10.3.2.2　评价方法

1. 单井地热资源量的计算方法

热水积存资源采用体积法估算,可开采资源按积存资源量乘以可采系数的方法确定。

2. 产业园区的地热资源量计算方法

按类比法、水文地质学法计算确定。

10.3.2.3　单井地热资源评价

1. 储量体积法计算地热资源量

储量体积法的地热资源量按下式计算:

$$Q_R = \overline{C}_R A d (t_r - t_j) \tag{10-25}$$

式中　Q_R——地热资源量,kcal;

A——热储量面积,m^2;

d——热储厚度,m;

t_r——热储温度,℃;

t_j——基准温度(当地地下恒温层温度或年平均气温),℃;

$\overline{C}_R$——热储岩石和水的平均热容量,kcal/(m^3·℃),由下式求出:

$$\overline{C}_R = P_c C_c (1 - \varphi) + P_w C_w \varphi \tag{10-26}$$

式中　ρ_c、ρ_w——岩石和水的密度,kg/m^3;

C_c、C_w——岩石及水的比热容,kcal/(kg·℃);

φ——岩石的孔隙度(%)。

2. 可回收地热资源量

可回收地热资源量按下式计算:

$$Q_{uh} = R_e Q_{RW} \tag{10-27}$$

式中　Q_{uh}——可回收地热资源量,kcal;

Q_{RW}——赋存于地热储集层(段)中的地热资源量,kcal;

R_e——热回收率(%)。

3. 参数选择

(1)面积 A:按单井开采 30 年影响面积。

(2)热储厚度 d:论证区热储介质为灰岩,1#地热井灰岩埋深为 950 ~1 800 m,其中热储厚度为 119 m,2#地热井灰岩埋深为 1 006 ~2 087 m,则热储厚度为 78.87 m。

(3)基准温度 t_j:取当地恒温带温度,为 17 ℃。

(4)热储温度 t_r:1#地热井为 38 ℃,2#地热井为 48 ℃。

(5)热回收率 R_e:根据《地热资源评价方法》(DZ 40—85),热回收率取 15%。

(6)灰岩密度 ρ_c、比热容 C_c 以及水的密度 ρ_w、比热容 C_w 取经验值。

(7)岩石的孔隙度 φ:取灰岩岩石孔隙度5%。

1#地热井评价中涉及的各参数取值情况见表10-67,2#地热井评价中涉及的各参数取值情况见表10-68。

表10-67 1#地热井各参数取值一览表

项目	单位	参考值	项目	单位	参考值
A	km^2	1.27	C_c	kcal/(kg·℃)	0.22
d	m	119	ρ_w	kg/m^3	1 000
t_j	℃	17	C_w	kcal/(kg·℃)	1
t_r	℃	38	热回收率	—	0.15
ρ_c	kg/m^3	2 700	φ	%	5

表10-68 2#地热井各参数取值一览表

项目	单位	参考值	项目	单位	参考值
A	km^2	2.68	C_c	kcal/(kg·℃)	0.22
d	m	78.87	ρ_w	kg/m^3	1 000
t_j	℃	17	C_w	kcal/(kg·℃)	1
t_r	℃	48	φ	%	5
ρ_c	kg/m^3	2 700	热回收率	—	0.15

4.地热资源量计算

地热资源量计算见表10-69。

表10-69 地热资源量计算

井号	面积 (km^2)	地热资源量 (kcal)	可回收的资源量 (kcal)	开采年限 (a)	折合标准煤 (万t/a)
1#	1.27	1.94×10^{12}	2.92×10^{11}	30	139.25
2#	2.68	4.025×10^{12}	6.037×10^{11}	30	287.49

10.3.2.4 单位面积地热资源量计算

计算公式:

$$Q_r = \frac{Q_{r_1} + Q_{r_2}}{A_1 + A_2} \tag{10-28}$$

式中 Q_r——热储层单位面积地热资源量,$kcal/km^2$;

Q_{r_1}——1#地热井地热资源量,kcal;

Q_{r_2}——2#地热井地热资源量,kcal;

A_1——1#地热井开采30年影响面积,m^2;

A_2——2#地热井开采30年影响面积,m^2。

$$Q_r=\frac{Q_{r_1}+Q_{r_2}}{A_1+A_2}=\frac{1.94\times10^{12}+4.025\times10^{12}}{1.27+2.68}=1.51\times10^{12}(\text{kcal/km}^2)$$

10.3.2.5　产业园区地热资源量计算

计算公式：

$$Q_R=Q_r\cdot A \tag{10-29}$$

式中　Q_R——产业园区地热资源量，kcal；

Q_r——热储层单位面积地热资源量，kcal/km^2；

A——产业园区面积，km^2。

$$Q_R=Q_r\cdot A=1.51\times10^{12}\times10.1=15.25\times10^{12}(\text{kcal})$$

10.3.2.6　产业园区可回收地热资源量计算

计算公式：

$$Q_{R可}=Q_R\cdot R_e$$

式中　$Q_{R可}$——产业园区可回收地热资源量，kcal；

Q_R——产业园区地热资源量，kcal；

R_e——热回收率，碳酸盐岩热储回收率取15%。

$$Q_{R可}=Q_R\cdot R_e=15.25\times10^{12}\times15\%=2.28\times10^{12}(\text{kcal})$$

按照开采30年，折合标准煤1 085万t/a。

10.3.2.7　产业园区地下热水资源量及可采资源量计算

1.计算方法

采用静储量计算方法，即总储量等于容积储量与弹性储量之和。

$$\left.\begin{aligned}W_j&=W_r+W_t\\W_r&=R_eFM\\W_t&=FH\mu_e\end{aligned}\right\} \tag{10-30}$$

式中　W_j——地下热水静储量，m^3；

W_r——地下热水容积储量，m^3；

W_t——地下热水弹性储量，m^3；

M——有效含水层平均厚度，m；

F——热储层分布面积，m^2；

H——自热储层顶板算起的水头高，m；

μ_e——热储层弹性释水系数；

R_e——热储层的孔隙度。

2.参数选择

（1）热储层分布面积F：按产业园区面积10.1 km^2计。

（2）有效含水层平均厚度M：根据园区1#、2#地热井勘探资料，有效含水层厚度为98 m。

（3）自然储层顶板算起的水头高H：根据园区1#地热井，顶板埋深950 m，静水位为243.8 m，水头高为706.2 m。

(4)热储层弹性释水系数 μ_e：采用 1[#]地热井抽水试验计算结果。

(5)热储层的孔隙度 R_e：据经验，取灰岩岩石孔隙度 5%。

各参数取值见表 10-70。

表 10-70　各参数取值一览表

项目	单位	参考值
F	km^2	10.1
M	m	98
H	M	706.2
μ_e	—	5.32×10^{-5}
R_e	%	5

3. 计算结果

(1)产业园区地下热水的容积储存量：

$$W_r = FMR_e = 10.1\times10^6\times98\times5\% = 4\ 949\times10^4(m^3)$$

(2)产业园区地下热水的弹性储存量：

$$W_t = FH\mu_e = 10.1\times10^6\times706.2\times5.32\times10^{-5} = 37.95\times10^4(m^3)$$

(3)产业园区地下热水的静储量：

$$W_j = W_r + W_t = 4\ 949\times10^4 + 37.95\times10^4 = 4\ 986.95\times10^4(m^3)$$

(4)产业园区地下热水的可开采资源量。

根据目前的提水工具及经济条件，确定地下水最大开采降深为 120 m，假定论证区热储层边界为隔水边界，地下水水位区域下降 120 m 时的弹性储量为：

$$W_{弹储} = 10.1\times10^6\times120\times5.32\times10^{-5} = 6.45\times10^4(m^3)$$

第 11 章　研究区工程地质专项分析

11.1　小型滑坡

在第Ⅰ工程地质区内万山南坡原采石运输道路北侧,分布着 4 处小型滑坡(见图 11-1,滑体体积小于 10 万 m^3),其基本特征见表 11-1。这些均为沿基岩面滑动的浅层坡积物小型滑坡,其物质成分均为碎石土,松散—稍密状。由于修路切坡,客观上产生了坡脚卸荷作用,增大了这些小型滑坡的不稳定性,在坡积物进一步堆积加载、雨水浸泡、软化等作用下,易于发生滑动破坏,建议对其采取坡顶卸载、坡面加固、防水或清除等方案进行处理。

(a)HP1　(b)HP2　(c)HP3　(d)HP4

图 11-1　山路北侧的小型滑坡

表 11-1　沿原采石运输道路北侧的几处小型滑坡基本特征一览表

编号	分布位置（坐标）	滑体长、宽（m）	滑体体积（m^3）	滑体岩性	滑床岩性	地质环境条件	稳定状态
HP1 [图 11-1(a)]	x:3 842.861 y:439.464	长:25 宽:15	937.5	碎石土	砂岩	I_2区基岩薄层覆盖与Ⅱ区坡积物覆盖二者交界部位;地形北陡南缓;边坡坡度约 60°	欠稳定,无后缘裂缝
HP2 [图 11-1(b)]	x:3 842.632 y:439.106	长:31 宽:12	1 004.4	碎石土	砂岩	I_2区基岩薄层覆盖与Ⅱ区坡积物覆盖二者交界部位;地形北陡南缓;边坡坡度约 62°	不稳定,弧形后缘裂缝长约 10 m,宽约 0.2 m
HP3 [图 11-1(c)]	x:3 842.497 y:438.913	长:24 宽:14	705.6	碎石土	砂岩	I_2区基岩薄层覆盖与Ⅱ区坡积物覆盖二者交界部位;地形北陡南缓;边坡坡度约 55°	欠稳定,无后缘裂缝
HP4 [图 11-1(d)]	x:3 842.631 y:438.966	长:22 宽:16	915.2	碎石土	砂岩	I_2区基岩薄层覆盖区内,采石运输道路北侧陡坡部位;地形较陡;边坡坡度约 65°	欠稳定,无后缘裂缝

11.2　崩塌问题

研究区内万山顶部南侧存在几处采石形成的高陡边坡,人工采石造成坡面岩体应力发生变化,在应力重新调整达到平衡过程中,因风化和强烈的卸荷作用,坡体发育大量的节理、裂隙,在外力作用下造成陡坡上的岩体沿结构面开裂、下滑、坠落、崩塌等边坡失稳现象。经过野外现场勘查,根据工程地质类比法对已崩塌及稳定区的坡体形态、岩体构造、结构面产状、组合关系、闭合程度、力学属性、延伸及贯穿情况等进行对比分析,综合考虑影响变形破坏体稳定的各种因素,发现区内大部分高陡边坡基本稳定,但因裂隙大量发育需对坡体上的浮石及时清除,局部陡壁处于不稳定状态,在外力作用下极易进一步发生坠落崩塌,威胁景区道路设施及游人的安全(现状条件下各处陡壁特征见表 11-2)。

岩质高边坡的稳定性主要受结构面的控制和影响,赤平投影法是基于结构面定性分析边坡稳定性的一种方法,方便、简捷,能够使人更直观地了解岩体在结构面的相互作用下的稳定性，可对岩体结构和岩体稳定性进行定性的图解分析。由于地质条件复杂，在结构面力学参数不易确定的情况下，赤平投影法能够发挥重要的作用，可通过对边坡各个结构面的分析，判断影响边坡稳定性的主要结构面，为确定边坡开挖坡角提供前提条件。

下面就研究区内拟建东、西崖壁景观部位几处典型的岩质陡边坡，结合其现场实测资料分别对其结构面绘制出赤平投影图，并对其稳定性进行定性分析与评价（评价标准见表 11-3）。

表 11-2　岩质陡壁基本特征一览表

陡壁编号	坡面产状	层面产状	裂隙产状	陡壁坐标	陡壁高程
DB1 （图 11-2）	164°∠82°	35°∠16°	100°∠85° 180°∠80°	x:3 839.450 y:442.914	z:354.97
DB2 （图 11-3）	164°∠80°	35°∠20°	95°∠80° 180°∠75°	x:3 842.883 y:439.396	z:364.50
DB7 （图 11-4）	150°∠84°	30°∠12°	108°∠81° 188°∠68° 163°∠72°	x:3 842.627 y:438.774	z:437.21

表 11-3　边坡稳定性分级及评价指标

序号	稳定性分级	评价指标	说明
1	稳定	结构面倾角或交割线倾角≤0°	逆向坡
		结构面倾角或交割线倾角≥边坡角	顺向坡
		结构面倾向或交割线倾向与坡向夹角≥60°	顺向斜交坡
2	基本稳定	30°<结构面倾向或交割线倾向与坡向夹角<60°；结构面倾角或交割线倾角<边坡角	斜交坡两条件同时具备
3	不稳定	0°≤结构面倾向或交割线倾向与坡向夹角≤30°；结构面倾角或交割线倾角<边坡角	斜交坡和顺向坡两条件同时具备

对每一组结构面组合分别根据此标准进行定性评价，若每组结构面组合评定结果均为（基本）稳定，则该边坡（基本）稳定；若一些结构面组合稳定，另一些结构面组合基本稳定，则边坡基本稳定；若有任一组不稳定，则边坡不稳定，并判断影响边坡稳定性的主要结构面。

陡壁 1 处坡顶面为一薄层第四系残积土，坡体为三叠系石英砂岩，红褐色，厚层状构造（见图 11-2）。坡面产状 164°∠82°，岩层层面产状 S0:35°∠16°，节理裂隙产状 J1:100°∠85°、J2:180°∠80°，卸荷裂隙、节理面及岩层面组合构成岩质陡边坡的结构面，结构面竖向裂隙发育处于不稳定状态,在外力作用下极易发生坠落式崩塌。赤平投影分析见图 11-5,该边坡层面倾向与坡面倾向相反,为逆向坡,S0、J1 与坡面的夹角均大于 60°,S0、J1 稳定;J2 与坡面的夹角小于 30°,且 J2 的倾角 80°小于边坡倾角,则 J2 不稳定;J1、J2 的交割线与坡面的倾角为 2°,小于 30°,且交割线倾角 79°小于边坡倾角,则交割线方向不稳定,边坡不稳定;交线 *OM* 落于 J1、J2 结构面倾向线之间,则 J1、J2 均为滑动面,*OM* 线为主滑线,其指向为滑动方向,主要不稳定结构面为 J2。

图 11-2　陡壁 1(DB1)

如图 11-3 所示,该坡顶面为一薄层第四系残积土,坡体为三叠系石英砂岩,红褐色,裂隙块状构造。坡面产状 164°∠80°,岩层层面产状 S0:35°∠20°,节理裂隙产状 J1:95°∠80°、J2:180°∠75°,节理密度 2~5 条/m,卸荷裂隙、节理面及地层层面组合构成高陡边坡体的结构面,在外力作用下岩体极易沿着结构面开裂、下滑,发生错断式崩塌。赤平投影分析见图 11-6,该边坡层面倾向与坡面倾向相反,为逆向坡,S0、J1 与坡面的夹角均大于 60°,S0、J1 稳定;J2 与坡面的夹角小于 30°,且 J2 倾角(75°)小于边坡倾角,则 J2 不稳定;J1、J2 的交割线与坡面的倾角为 15°,小于 30°,且交割线倾角(73°)小于坡面倾角,则交割线方向不稳定,边坡不稳定;交线 *OM* 落于 J1、J2 结构面倾向线之间,则 J1、J2 均为滑动面,*OM* 线为主滑线,其指向为滑动方向。

如图 11-4 所示,该岩质陡边坡坡体为三叠系石英砂岩,红褐色,厚层状构造。坡面产状 164°∠82°,岩层层面产状 S0:35°∠16°,节理裂隙产状 J1:100°∠85°、J2:180°∠80°,由于风化和强烈的卸荷作用,岩体表面发育大量的张性裂隙,并大量地成组平行出现,4 组结构面 S0、J1、J2、J3 将岩体切割成大大小小的块体,在外力作用下极易发生坠落式崩塌。崩塌体 7 的块石粒径平均 0.02~0.2 m,最大的有 0.6 m,棱角状,部分块石为新鲜岩面,赤平投影分析见图 11-7,坡体倾向与坡面相反,为逆向坡,结构面 S0、J1、J2 均稳定,J3 与坡向的夹角 13°,小于 30°,J3 不稳定;结构面 S0 和 J3、J1 和 J2、J1 和 J3 的交割线方向均不稳定,交割线方向均为其主滑线方向,边坡不稳定。

综合以上分析，研究区内崖壁岩体大都处于不稳定状态，在雨水潜蚀、施工振动等诱发因素作用下存在着发生崩塌的可能性。由于该处位于拟建山顶瀑布部位，在人工瀑布流水动力作用下，东、西片区瀑布处危岩体更易于崩塌，建议对以上两建筑部位采石场遗留陡壁上的危岩体进行人工清除处理，之后可对基岩裂隙压密灌浆，对陡壁岩体锚固，壁面挂网喷护，并采取对陡壁面层人工美化装饰等措施进行处理。

图 11-3　陡壁 2(DB2)

图 11-4　陡壁 7(DB7)

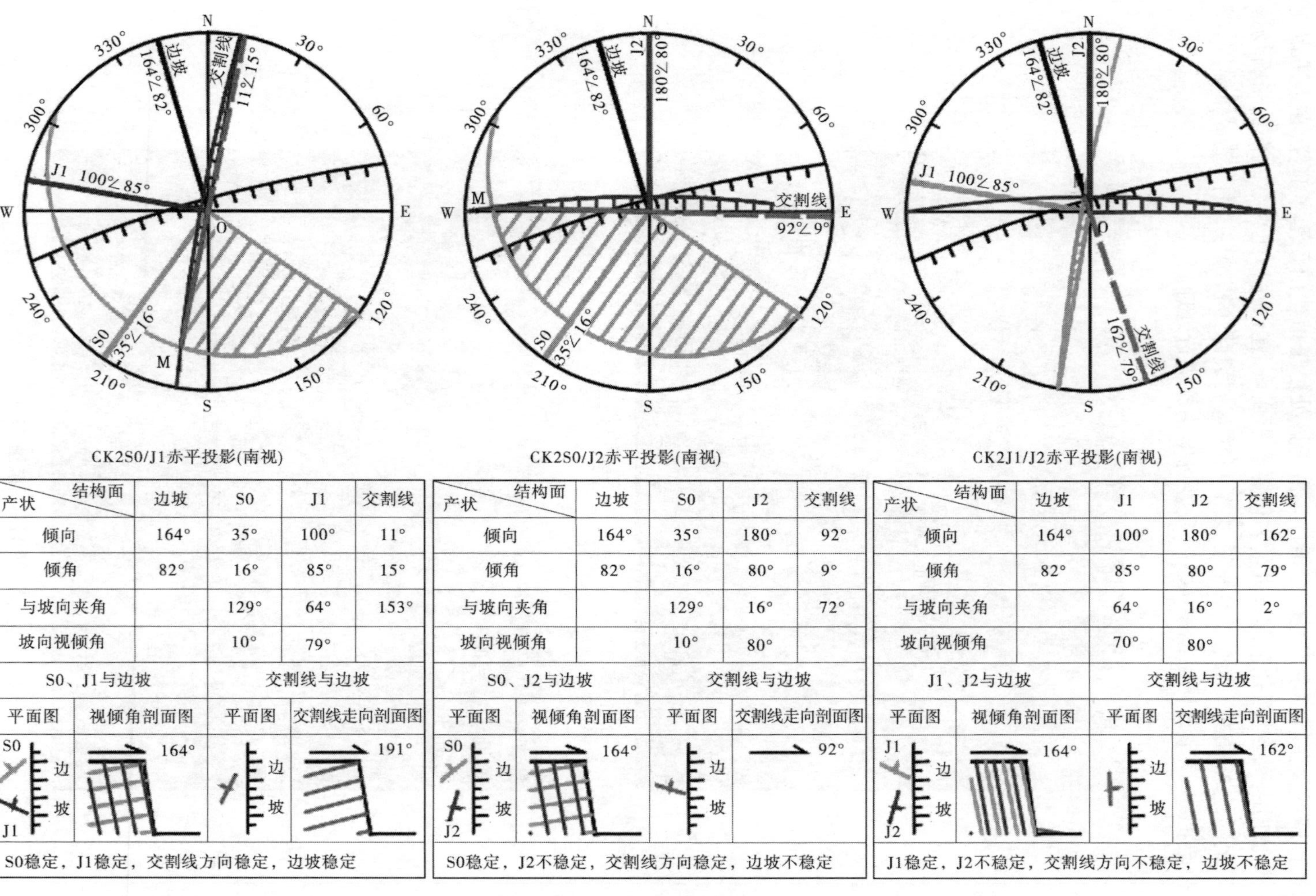

CK2S0/J1赤平投影(南视)

结构面／产状	边坡	S0	J1	交割线
倾向	164°	35°	100°	11°
倾角	82°	16°	85°	15°
与坡向夹角		129°	64°	153°
坡向视倾角		10°	79°	
S0、J1与边坡		交割线与边坡		
S0稳定，J1稳定，交割线方向稳定，边坡稳定				

CK2S0/J2赤平投影(南视)

结构面／产状	边坡	S0	J2	交割线
倾向	164°	35°	180°	92°
倾角	82°	16°	80°	9°
与坡向夹角		129°	16°	72°
坡向视倾角		10°	80°	
S0、J2与边坡		交割线与边坡		
S0稳定，J2不稳定，交割线方向稳定，边坡不稳定				

CK2J1/J2赤平投影(南视)

结构面／产状	边坡	J1	J2	交割线
倾向	164°	100°	180°	162°
倾角	82°	85°	80°	79°
与坡向夹角		64°	16°	2°
坡向视倾角		70°	80°	
J1、J2与边坡		交割线与边坡		
J1稳定，J2不稳定，交割线方向不稳定，边坡不稳定				

图 11-5　DB1 的赤平投影分析

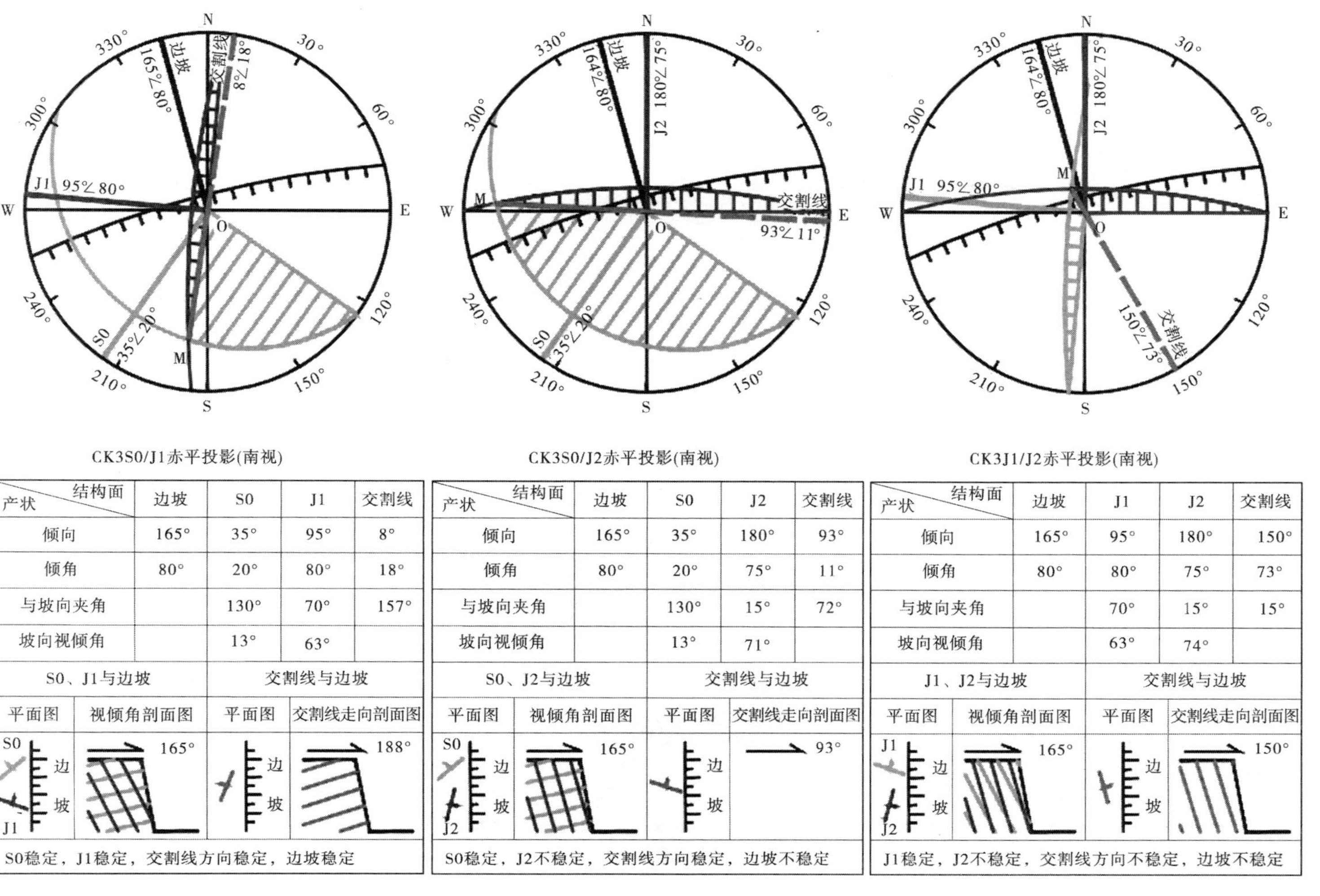

产状＼结构面	边坡	S0	J1	交割线
倾向	165°	35°	95°	8°
倾角	80°	20°	80°	18°
与坡向夹角		130°	70°	157°
坡向视倾角		13°	63°	
S0、J1与边坡		交割线与边坡		
平面图	视倾角剖面图	平面图	交割线走向剖面图	
S0 边 坡 J1	165°	边 坡	188°	
S0稳定，J1稳定，交割线方向稳定，边坡稳定				

产状＼结构面	边坡	S0	J2	交割线
倾向	165°	35°	180°	93°
倾角	80°	20°	75°	11°
与坡向夹角		130°	15°	72°
坡向视倾角		13°	71°	
S0、J2与边坡		交割线与边坡		
平面图	视倾角剖面图	平面图	交割线走向剖面图	
S0 边 坡 J2	165°	边 坡	93°	
S0稳定，J2不稳定，交割线方向稳定，边坡不稳定				

产状＼结构面	边坡	J1	J2	交割线
倾向	165°	95°	180°	150°
倾角	80°	80°	75°	73°
与坡向夹角		70°	15°	15°
坡向视倾角		63°	74°	
J1、J2与边坡		交割线与边坡		
平面图	视倾角剖面图	平面图	交割线走向剖面图	
J1 边 坡 J2	165°	边 坡	150°	
J1稳定，J2不稳定，交割线方向不稳定，边坡不稳定				

图 11-6　DB2 的赤平投影分析

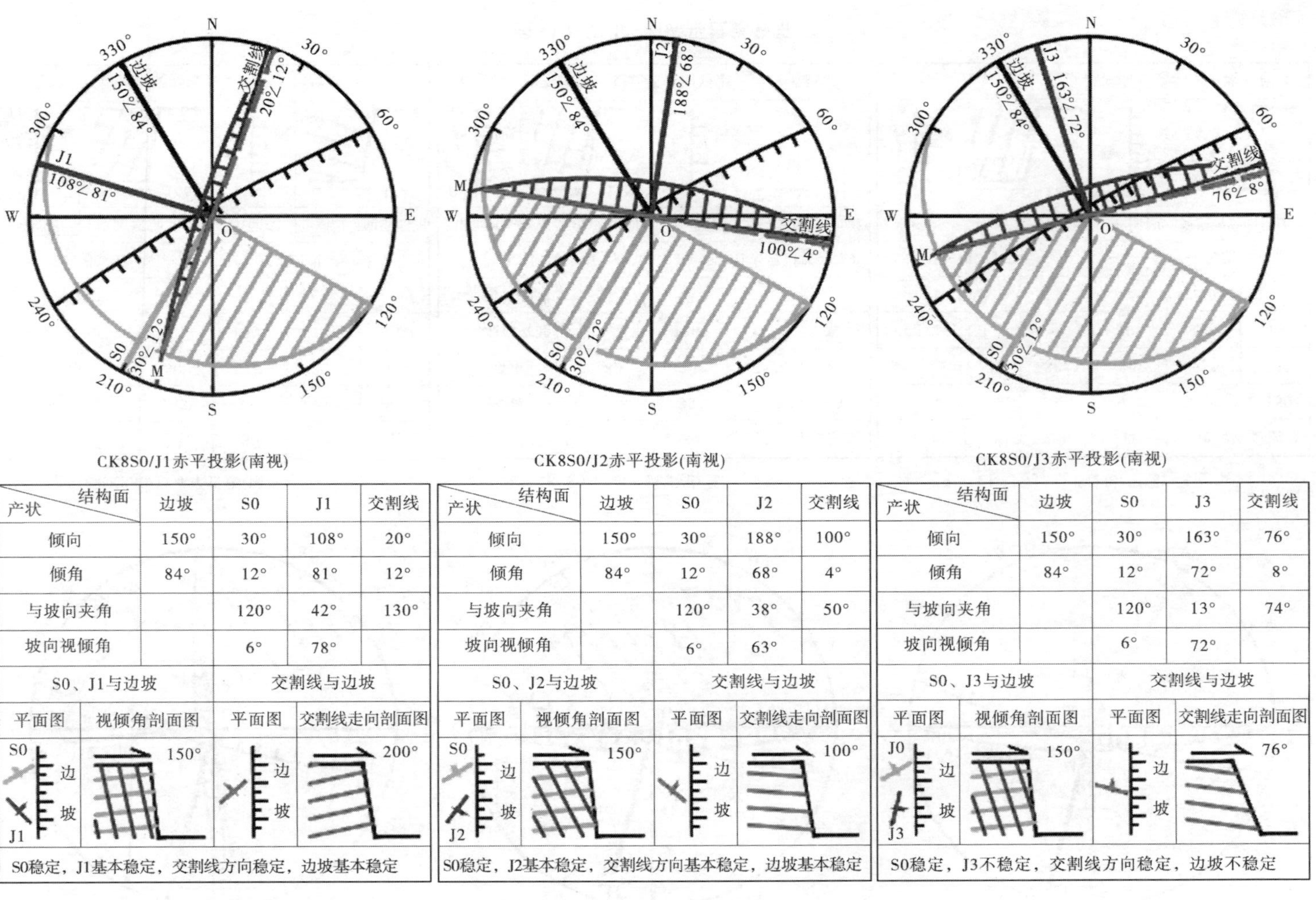

产状＼结构面	边坡	S0	J1	交割线
倾向	150°	30°	108°	20°
倾角	84°	12°	81°	12°
与坡向夹角		120°	42°	130°
坡向视倾角		6°	78°	
S0、J1与边坡		交割线与边坡		
平面图	视倾角剖面图	平面图	交割线走向剖面图	
S0 J1 边坡	150°	边坡	200°	
S0稳定，J1基本稳定，交割线方向稳定，边坡基本稳定				

产状＼结构面	边坡	S0	J2	交割线
倾向	150°	30°	188°	100°
倾角	84°	12°	68°	4°
与坡向夹角		120°	38°	50°
坡向视倾角		6°	63°	
S0、J2与边坡		交割线与边坡		
平面图	视倾角剖面图	平面图	交割线走向剖面图	
S0 J2 边坡	150°	边坡	100°	
S0稳定，J2基本稳定，交割线方向基本稳定，边坡基本稳定				

产状＼结构面	边坡	S0	J3	交割线
倾向	150°	30°	163°	76°
倾角	84°	12°	72°	8°
与坡向夹角		120°	13°	74°
坡向视倾角		6°	72°	
S0、J3与边坡		交割线与边坡		
平面图	视倾角剖面图	平面图	交割线走向剖面图	
J0 J3 边坡	150°	边坡	76°	
S0稳定，J3不稳定，交割线方向稳定，边坡不稳定				

图 11-7　DB7 的赤平投影分析

研究区内在第Ⅲ$_1$黄土覆盖工程地质区,拟建水系现状条件下为一自然冲沟,冲沟深度 2~10 m 不等,较多地段沟壁近直立,该沟壁南侧多为岩质边坡,在拟建寿山、地质大院地质博物馆附近的沟底为基岩出露。沟内出露的基岩岩性为紫红色泥岩、黄绿色砂岩等。沟壁北侧均为坡壁直立,地层岩性为第四系上更新统粉土,该粉土具有Ⅰ级轻微湿陷性,具大孔隙、垂直节理,沟壁灌木丛生。在拟建综合运动场东部的该沟北侧壁零星分布着小型土质崩塌,崩塌体体积 0.5~3 m^3。由于该部位为拟建水系,除做好防水防渗措施外,尚需对该处小型崩塌采取削坡、放坡、锚固、挂网喷护、植被固化并美化装饰等措施处理。

11.3　大型不稳定斜坡稳定性分析

11.3.1　不稳定斜坡形态特征

在本工程第 2、3 登山步道之间分布一不稳定斜坡(见第 7 章图 7-15、图 7-16)。该不稳定斜坡前缘位于 VIP 综合服务中心、综合运动场别墅北侧,后缘位于山间原采石运输道路地质调查点 D26、D27 附近,东、西边界分别大致为第 2、3 登山步道之间。其后缘高程在 346~348 m,前缘高程约为 284.5 m,高差约 62 m。

经现场调查,该边坡体基岩倾向为北东 5°~15°,倾角 10°~20°,而该不稳定斜坡体轴部倾向约 155°,由 198#和 199#钻孔柱状图可知,组成该不稳定斜坡的岩土体沿深度范围可以分为三层。上层为褐黄色含砾粉土,厚度 0~1.7 m;中层为红褐色碎石土,层厚一般在 2.0 m 左右;下层为红褐色块石土,厚度一般在 3.0 m 左右。

根据工程地质测绘、调查,结合现场槽探、钻探资料,不稳定斜坡体厚度一般在 4~10 m,最大厚度约为 13.0 m,不稳定体体积约 30 万 m^3,规模为大型。

11.3.2　不稳定斜坡滑动机制初步分析

不稳定斜坡发生破坏失稳是一种复杂的地质过程,由于不稳定斜坡内部结构的复杂性和组成滑坡岩土体物质的不同,造成滑坡破坏具有不同模式。对应于不同的破坏模式就存在不同的滑动面。就第 2、3 登山步道间的不稳定斜坡而言,本斜坡潜滑体物质组成主要为第四系中、晚更新统松散坡积碎石土、块石土,厚度 4~10 m。坡积物覆盖层下部(滑床)为二叠系紫红、黄绿色泥岩、泥质砂岩和粉细砂岩等。潜滑面为基岩与上覆坡积物交界面。该不稳定斜坡坡面倾斜与基岩层面倾斜相反(斜坡坡面轴倾向约 155°,坡面轴倾角为 30°~40°;下伏基岩倾向 5°~15°,倾角 10°~20°),为逆向坡。由此可见,本不稳定斜坡的破坏模式为:雨水下渗作用下沿基岩和碎石土界面发生的浅层坡积物滑动破坏。

通常情况下,不稳定边坡失稳是坡体因多种因素耦合而发生的形变,最终被某些诱发因素激发失稳产生滑动的一种地质现象。强降雨是不稳定斜坡,尤其是浅层堆积物滑坡发生、发展的一个重要外部条件。较多情况下,强降雨是浅层堆积物不稳定斜坡发生破坏的主导诱因,对堆积体的初始位移激发、间歇性蠕变、滑动变形以及失稳剧滑的各个阶段都有很大影响。浅层堆积物滑坡特定的物质组成、结构性状及厚度条件特征决定了其特殊的亲雨性。本工程第 2、3 登山步道间的不稳定斜坡潜滑体(碎石土、块石土等)土质不均匀，碎石、块石含量较高（碎石含量约占 80%），渗透性很大。以上潜滑体物质组成特征以及其下伏滑床基岩（泥岩、泥质砂岩等）隔水组合特征，造成在强降雨条件下，雨水迅速下渗，在潜在滑动面隔水边界条件下沿该面下渗形成面流，造成潜滑面泥化、软化，强度参数（黏聚力 c、内摩擦角 φ）急剧降低。与此同时，在雨水饱和作用下潜滑体重度大幅增加（此时潜滑体土的自重变成了饱和状态下土的重度与其自身体积的乘积），加之雨水渗流力的作用，不稳定斜坡稳定性系数骤然下降，最后导致滑坡失稳。因此，本工程不稳定斜坡体物质组成及与其下伏滑床组合特征是失稳的基础，强降雨是诱发失稳的最关键因素。

现场调查表明，该不稳定斜坡所反映的局部宏观变形迹象已较为明显，滑体前缘部位分布较多“马刀树”，也可见“醉汉林”（见第 7 章图 7-20～图 7-22），说明本不稳定斜坡已发生局部失稳变形。

11.3.3　不稳定斜坡稳定性计算与评价

11.3.3.1　**计算方法**

根据《岩土工程勘察规范》（GB 50021—2001）推荐的边坡稳定性计算公式计算本大型不稳定斜坡的稳定系数。

$$F_s = \frac{\sum_{i=1}^{n-1}\left(R_i \prod_{j=1}^{n-1} \Psi_j\right) + R_n}{\sum_{i=1}^{n-1}\left(T_i \prod_{j=1}^{n-1} \Psi_j\right) + T_n} \tag{11-1}$$

其中：

$$\Psi_j = \cos(\theta_i - \theta_{i+1}) - \sin(\theta_i - \theta_{i+1})\tan\varphi_{i+1}$$

$$\prod_{j=1}^{n-1} \Psi_j = \Psi_i \cdot \Psi_{i+1} \cdot \Psi_{i+2} \cdot \cdots \cdot \Psi_{n-1}$$

$$R_i = (N_i - u_i)\tan\varphi_i + c_i L_i$$

$$N_i = w_i \cos\theta_i$$

$$T_i = w_i \sin\theta_i$$

式中　F_s——稳定系数；

w_i——第 i 块段滑体所受的重力，kN/m；

R_i——作用于第 i 块段的抗滑力，kN/m；

T_i——作用于第 i 块段的滑动分力，kN/m；

c_i——第 i 块段土的黏聚力，kPa；

φ_i——第 i 块段土的内摩擦角（°）；

L_i——第 i 块段滑动面长度，m。

潜滑体推力计算公式为：

$$E_i = kw_i \sin\alpha_i + \Psi_i E_{i-1} w_i \cos\alpha_i - c_i L_i \tag{11-2}$$

式中　E_i——第 i 块剩余下滑力，kN/m；

E_{i-1}——第 i-1 块剩余下滑力，kN/m；

k——安全系数；

其余参数含义同前。

若所得某条块的滑坡推力为负值，说明自该条块以上的滑体是稳定的，并考虑其对下一条块的推力为零。

11.3.3.2　稳定性计算

根据《建筑地基基础设计规范》(GB 50007—2011)第 6.4.3 条第 2 款，选择平行于滑动方向的 2 个计算断面，其中Ⅰ—Ⅰ断面为滑动主轴计算断面，Ⅱ—Ⅱ断面为滑动主轴西侧(靠近第 3 登山步道附近)计算断面。各计算断面分块见图 11-8、图 11-9。

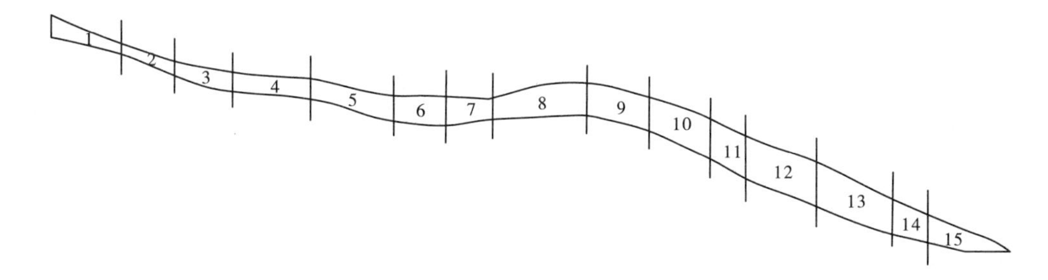

图 11-8　潜滑体Ⅰ—Ⅰ计算断面

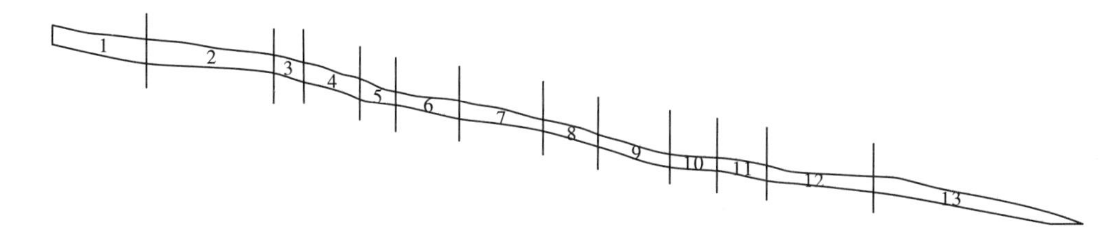

图 11-9　潜滑体Ⅱ—Ⅱ计算断面

根据《建筑地基基础设计规范》(GB 50007—2011)第 6.4.3 条第 3 款、《建筑边坡工程技术规范》(GB 50330—2013)附录 A 第 A.0.2 条，分别计算天然工况下、暴雨工况下、地震工况下、暴雨+地震工况下的潜滑体推力及边坡稳定性。利用极限平衡法进行潜滑体稳定性计算，一般要提供边坡土体的重度、滑动面的内聚力和内摩擦角。该潜滑体为碎石土+块石土滑坡，滑体岩性相对比较复杂。按照《建筑边坡工程技术规范》(GB 50330—2013)第 5.3.2 条，“边坡工程稳定安全系数应按表 3.5.3.1 定，当边坡稳定性系数小于边坡稳定安全系数时应对边坡进行处理”。

边坡稳定性计算工况及相应稳定安全系数值见表 11-4。

表 11-4　边坡稳定性计算工况及相应稳定安全系数值

工况编号	滑坡受力状态	抗滑稳定安全系数
工况一	天然状态下	1.35
工况二	暴雨状态下	1.35
工况三	地震状态下	1.20
工况四	暴雨+地震状态下	1.20

注：表中抗滑稳定安全系数取自于《建筑边坡工程技术规范》(GB 50330—2013)第 5.3.2 条表 5.3.2。

滑面强度参数取值根据土体室内试验值及反算综合考虑。该潜滑体目前处于稳定状态，天然状态下稳定系数应大于1.15。根据土工试验成果，结合经验给定滑面的抗剪强度c值为5 kPa，反算滑动面的φ值。在1.0~1.3之间给不同的稳定系数反算，反算结果见表11-5。根据反算结果及经验，对于Ⅰ—Ⅰ计算剖面，滑动面强度参数取值如下：$c=5$ kPa，$\varphi=7.91°$；对于Ⅱ—Ⅱ计算剖面，滑动面强度参数取值如下：$c=5$ kPa，$\varphi=9.60°$。

表11-5 滑动面参数反算结果

给定滑动面抗剪强度 $c=5$ kPa					
计算断面	稳定系数 k	1.0	1.1	1.2	1.3
Ⅰ—Ⅰ剖面	反算结果 φ(°)	6.177	7.031	7.910	8.765
Ⅱ—Ⅱ剖面	反算结果 φ(°)	7.617	8.594	9.595	10.596

运用式(11-1)和式(11-2)分别对Ⅰ—Ⅰ、Ⅱ—Ⅱ剖面计算四种工况下滑坡稳定性及滑坡推力。滑坡稳定系数及滑坡推力计算结果见表11-6~表11-13。

表11-6 潜滑体Ⅰ—Ⅰ剖面稳定系数及滑坡推力计算(天然工况)

块号	滑块重量 Q_i (kN/m)	滑面长 L_i (m)	滑面倾角 θ_i (°)	黏聚力 C_i (kPa)	内摩擦角 φ_i (°)	下滑力 T_i (kN/m)	抗滑力 R_i (kN/m)	传递系数 Ψ_j	滑坡推力 E (kN/m)	稳定系数 F_s
1	88.108	25.8	6.078	12	28	32.998	56.069	1.00	0	1.658
2	114.394	11.2	10.758	12	28	69.448	75.356	1.02	0	
3	75.616	25.3	20.070	12	28	32.766	47.683	1.01	0	
4	127.491	23.4	20.923	12	28	17.181	80.056	1.04	0	
5	297.655	12.6	27.479	12	28	129.179	178.217	0.98	0	
6	147.523	20.6	25.198	12	28	15.801	87.563	0.88	0	
7	133.056	20.2	12.954	12	28	−18.006	78.832	0.91	0	
8	193.227	28.7	−2.180	12	28	−7.351	114.646	1.00	0	
9	323.222	14.7	−3.976	12	28	93.201	183.946	0.98	0	
10	322.372	15.9	3.704	12	28	277.289	170.661	0.99	106.628	
11	132.176	26.7	15.174	12	28	134.976	67.302	0.93	67.674	
12	300.327	24.4	4.662	12	28	251.390	165.152	1.00	86.238	
13	396.088	18.7	15.150	12	28	698.423	214.917	1.02	483.506	
14	156.975	17.5	21.479	12	28	178.239	100.980	0.93	77.259	
15	125.485	22.1	13.010	12	28	214.426	83.002	—	131.424	

表 11-7　滑坡 Ⅰ—Ⅰ 剖面稳定系数及滑坡推力计算(地震工况)

块号	滑块重量 Q_i (kN/m)	滑面长 L_i (m)	滑面倾角 θ_i (°)	黏聚力 C_i (kPa)	内摩擦角 φ_i (°)	下滑力 T_i (kN/m)	抗滑力 R_i (kN/m)	传递系数 Ψ_j	滑坡推力 E (kN/m)	稳定系数 F_s
1	88.108	25.8	6.078	12	28	34.088	56.069	1.00	0	
2	114.394	11.2	10.758	12	28	68.978	85.267	1.02	0	
3	75.616	25.3	20.070	12	28	33.379	47.683	1.01	0	
4	127.491	23.4	20.923	12	28	20.887	80.056	1.04	0	
5	297.655	12.6	27.479	12	28	131.576	178.217	0.98	0	
6	147.523	20.6	25.198	12	28	20.377	87.563	0.88	0	
7	133.056	20.2	12.954	12	28	−12.878	78.832	0.91	0	
8	193.227	28.7	−2.180	12	28	0.095	114.645	1.00	0	1.542
9	323.222	14.7	−3.976	12	28	98.908	183.946	0.98	0	
10	322.372	15.9	3.704	12	28	270.606	170.661	0.99	99.945	
11	132.176	26.7	15.174	12	28	130.847	67.347	0.93	63.5	
12	300.327	24.4	4.662	12	28	245.936	164.875	1.00	81.061	
13	396.088	18.7	15.150	12	28	563.357	214.864	1.02	348.493	
14	156.975	17.5	21.479	12	28	173.214	100.312	0.93	72.902	
15	125.485	22.1	13.010	12	28	207.922	82.852	—	125.07	

表 11-8　滑坡 Ⅰ—Ⅰ 剖面稳定系数及滑坡推力计算(暴雨工况)

块号	滑块重量 Q_i (kN/m)	滑面长 L_i (m)	滑面倾角 θ_i (°)	黏聚力 C_i (kPa)	内摩擦角 φ_i (°)	下滑力 T_i (kN/m)	抗滑力 R_i (kN/m)	传递系数 Ψ_j	滑坡推力 E (kN/m)	稳定系数 F_s
1	88.408	25.8	6.078	12	17	17.723	36.603	1.00	0	
2	114.394	11.2	10.758	12	17	42.433	51.301	1.02	0	
3	75.616	25.3	20.070	12	17	20.020	31.189	1.01	0	
4	127.491	23.4	20.923	12	17	10.497	51.341	1.04	0	
5	297.655	12.6	27.479	12	17	78.928	113.298	0.98	0	
6	147.523	20.6	25.198	12	17	9.655	54.295	0.88	0	
7	133.056	20.2	12.954	12	17	−18.006	49.041	0.91	0	
8	193.227	28.7	−2.180	12	17	−7.351	71.012	1.00	0	1.013
9	323.222	14.7	−3.976	12	17	54.929	112.764	0.98	0	
10	322.372	15.9	3.704	12	17	190.034	104.744	0.99	85.29	
11	132.176	26.7	15.174	12	17	82.191	41.287	0.93	40.904	
12	300.327	24.4	4.662	12	17	153.132	98.737	1.00	54.395	
13	396.088	18.7	15.150	12	17	437.910	130.259	1.02	307.651	
14	157.000	17.5	21.479	12	17	168.464	58.746	0.93	227.21	
15	129.046	22.1	13.010	12	17	168.032	54.298	—	113.734	

表 11-9　滑坡Ⅰ—Ⅰ剖面稳定系数及滑坡推力计算(地震+暴雨工况)

块号	滑块重量 Q_i (kN/m)	滑面长 L_i (m)	滑面倾角 θ_i (°)	黏聚力 C_i (kPa)	内摩擦角 φ_i (°)	下滑力 T_i (kN/m)	抗滑力 R_i (kN/m)	传递系数 Ψ_j	滑坡推力 E (kN/m)	稳定系数 F_s
1	88.408	25.8	6.078	12	17	20.839	36.603	1.00	0	0.942
2	114.394	11.2	10.758	12	17	42.169	51.301	1.02	0	
3	75.616	25.3	20.070	12	17	20.405	31.189	1.01	0	
4	127.491	23.4	20.923	12	17	12.769	51.341	1.04	0	
5	297.655	12.6	27.479	12	17	80.437	113.298	0.98	0	
6	147.523	20.6	25.198	12	17	12.457	54.295	0.88	0	
7	133.056	20.2	12.954	12	17	−14.871	49.041	0.91	0	
8	193.227	28.7	−2.180	12	17	−2.799	71.012	1.00	0	
9	323.222	14.7	−3.976	12	17	58.589	112.764	0.98	0	
10	322.372	15.9	3.704	12	17	184.779	104.744	0.99	80.035	
11	132.176	26.7	15.174	12	17	79.746	41.287	0.93	38.459	
12	300.327	24.4	4.662	12	17	149.957	98.737	1.00	51.22	
13	396.088	18.7	15.150	12	17	421.018	130.259	1.02	290.759	
14	157.000	17.5	21.479	12	17	162.750	58.746	0.93	104.004	
15	129.046	22.1	13.010	12	17	163.969	54.298	—	109.671	

表 11-10　滑坡Ⅱ—Ⅱ剖面稳定系数及滑坡推力计算(天然状态)

块号	滑块重量 Q_i (kN/m)	滑面长 L_i (m)	滑面倾角 θ_i (°)	黏聚力 C_i (kPa)	内摩擦角 φ_i (°)	下滑力 T_i (kN/m)	抗滑力 R_i (kN/m)	传递系数 Ψ_j	滑坡推力 E (kN/m)	稳定系数 F_s
1	65.007	67.7	8.464	12	28	90.430	37.845	0.99	52.585	3.721
2	348.309	34.3	5.556	12	28	147.522	161.675	1.00	0	
3	120.769	15.9	10.502	12	28	158.668	66.013	0.97	92.655	
4	203.081	15.3	3.971	12	28	251.055	130.137	0.99	120.918	
5	56.154	23.4	16.295	12	28	68.086	34.676	0.99	33.41	
6	131.175	17.7	15.017	12	28	203.581	80.423	0.96	123.158	
7	118.178	26.7	8.094	12	28	111.464	76.180	1.01	35.284	
8	78.881	20.5	12.517	12	28	123.783	47.934	0.98	75.849	
9	196.527	11.4	8.719	12	28	347.248	123.289	0.99	223.959	
10	90.272	17.9	6.630	12	28	163.253	74.333	1.01	88.92	
11	176.526	10.0	16.545	12	28	281.184	101.689	0.92	179.495	
12	100.959	40.3	4.539	12	28	81.755	65.681	0.98	16.074	
13	125.872	31.9	21.331	12	28	185.425	91.132	—	94.293	

表 11-11　滑坡Ⅱ—Ⅱ剖面稳定系数及滑坡推力计算(暴雨工况)

块号	滑块重量 Q_i (kN/m)	滑面长 L_i (m)	滑面倾角 θ_i (°)	黏聚力 C_i (kPa)	内摩擦角 φ_i (°)	下滑力 T_i (kN/m)	抗滑力 R_i (kN/m)	传递系数 Ψ_j	滑坡推力 E (kN/m)	稳定系数 F_s
1	65.007	67.7	8.464	12	17	57.281	24.161	0.99	33.12	2.422
2	248.308	34.3	5.556	12	17	110.190	94.842	1.00	15.348	
3	120.769	15.9	10.502	12	17	114.198	40.934	0.97	73.264	
4	203.081	15.3	3.971	12	17	191.433	79.477	0.99	111.956	
5	56.154	23.4	16.295	12	17	54.646	22.453	0.99	32.193	
6	131.175	17.7	15.017	12	17	157.494	52.198	0.96	105.296	
7	118.178	26.7	8.094	12	17	79.414	48.650	1.01	30.764	
8	77.881	20.5	12.517	12	17	89.224	32.239	0.98	56.985	
9	196.527	11.4	8.719	12	17	356.332	81.626	0.99	274.706	
10	90.272	17.9	6.630	12	17	111.298	43.639	1.01	67.659	
11	178.526	10.0	16.545	12	17	197.238	68.246	0.92	128.992	
12	100.959	40.3	4.539	12	17	85.980	41.708	0.98	44.272	
13	126.621	31.9	21.331	12	17	157.790	63.570	—	94.22	

表 11-12　滑坡Ⅱ—Ⅱ剖面稳定系数及滑坡推力计算(地震工况)

块号	滑块重量 Q_i (kN/m)	滑面长 L_i (m)	滑面倾角 θ_i (°)	黏聚力 C_i (kPa)	内摩擦角 φ_i (°)	下滑力 T_i (kN/m)	抗滑力 R_i (kN/m)	传递系数 Ψ_j	滑坡推力 E (kN/m)	稳定系数 F_s
1	65.007	67.7	8.464	12	28	83.790	37.845	0.99	45.945	3.316
2	348.309	34.3	5.556	12	28	172.561	159.644	1.00	12.917	
3	120.769	15.9	10.502	12	28	151.294	66.000	0.97	85.294	
4	203.081	15.3	3.971	12	28	244.715	129.436	0.99	115.279	
5	56.154	23.4	16.295	12	28	67.151	34.670	0.99	32.481	
6	131.175	17.7	15.017	12	28	196.641	80.468	0.96	116.173	
7	118.178	26.7	8.094	12	28	109.558	76.047	1.01	33.511	
8	78.881	20.5	12.517	12	28	117.632	48.082	0.98	69.55	
9	196.527	11.4	8.719	12	28	324.165	123.423	0.99	200.742	
10	90.272	17.9	6.630	12	28	153.110	72.655	1.01	80.455	
11	176.526	10.0	16.545	12	28	264.395	102.605	0.92	161.79	
12	100.959	40.3	4.539	12	28	80.775	65.480	0.98	15.295	
13	125.872	31.9	21.331	12	28	182.971	99.705	—	83.266	

表 11-13　滑坡Ⅱ—Ⅱ剖面稳定系数及滑坡推力计算(暴雨+地震工况)

块号	滑块重量 Q_i (kN/m)	滑面长 L_i (m)	滑面倾角 θ_i (°)	黏聚力 C_i (kPa)	内摩擦角 φ_i (°)	下滑力 T_i (kN/m)	抗滑力 R_i (kN/m)	传递系数 Ψ_j	滑坡推力 E (kN/m)	稳定系数 F_s
1	65.007	67.7	8.464	12	17	53.205	24.161	0.99	29.044	2.105
2	248.308	34.3	5.556	12	17	248.308	94.842	1.00	153.466	
3	120.769	15.9	10.502	12	17	109.325	40.934	0.97	68.391	
4	203.081	15.3	3.971	12	17	187.008	79.477	0.99	107.531	
5	56.154	23.4	16.295	12	17	53.931	22.453	0.99	31.478	
6	131.175	17.7	15.017	12	17	152.994	52.198	0.96	100.796	
7	118.178	26.7	8.094	12	17	78.318	48.650	1.01	29.668	
8	77.881	20.5	12.517	12	17	85.540	32.239	0.98	53.301	
9	196.527	11.4	8.719	12	17	333.326	81.626	0.99	251.7	
10	90.272	17.9	6.630	12	17	105.419	43.639	1.01	61.78	
11	178.526	10.0	16.545	12	17	186.899	68.246	0.92	118.653	
12	100.959	40.3	4.539	12	17	83.285	41.708	0.98	41.577	
13	126.621	31.9	21.331	12	17	156.061	63.570	—	92.491	

由表 11-6~表 11-13 可见,对于Ⅰ—Ⅰ滑坡计算剖面,在天然工况、地震工况下,边坡计算稳定安全系数均满足规范要求,此时滑坡体均处于稳定状态;在暴雨工况及地震+暴雨工况下,滑坡Ⅰ—Ⅰ计算剖面稳定安全系数分别为 1.013、0.942,小于《建筑边坡工程技术规范》(GB 50330—2013)第 5.3.2 条表 5.3.2 规定的限值。对于Ⅱ—Ⅱ滑坡计算剖面,在四种工况下,滑坡稳定安全系数均满足规范要求。

本工程边坡在暴雨工况及地震+暴雨工况下边坡稳定安全系数不满足规范要求,处于欠稳定和不稳定状态。根据《建筑边坡工程技术规范》(GB 50330—2013)第 5.3.2 条,"当边坡稳定性系数小于边坡稳定安全系数时,应对边坡进行处理"。同时,根据《建筑地基基础设计规范》(GB 50007—2011)第 6.4.1 条(强制性标准条文),"在建设场区内,由于施工或其他因素的影响有可能形成滑坡的地段,必须采取可靠的预防措施。对具有发展趋势并威胁建筑物安全使用的滑坡,应及早采取综合整治措施,防止滑坡继续发展"。

11.3.4　不稳定斜坡防治方案

11.3.4.1　避让条件下的防治方案

考虑到本工程第 2、3 登山步道间不稳定斜坡下部拟建 VIP 综合服务中心、综合运动场别墅的重要性、地理位置(位于该不稳定斜坡正下方),且考虑到拟建 VIP 综合服务中心、综合运动场别墅位于建筑抗震危险地段,建议采取避让措施,可将该不稳定斜坡下方的拟建 VIP 综合服务中心、综合运动场别墅迁移到东南部第$Ⅲ_2$工程地质区(平缓状黄土覆盖工程地质区)。

在避让条件下,对该不稳定斜坡尚需采取以下简单处置措施。

1.截排水措施

(1)截水措施。本工程可在潜滑体周边可能发展的边界以外,设置一条或数条环形截水沟,用以拦截自斜坡上部流向斜坡的水流。通常,沟深和沟底宽度都不小于 0.6 m。

(2)排水措施。为了防止水流的下渗,在滑坡体上也应设置成树枝状排水系统,使水流得以汇集旁引。本工程潜滑体东西两侧为小型山凹,设置排水系统时可在沿潜滑体东西两侧修筑明沟,直接向滑坡两侧稳定地段的沟底排水,尽量减轻渗透动水压力沿土岩结合面的活动。

(3)疏水降压措施。根据类似工程施工经验,本工程也可在潜滑体上沿坡面设置部分减压井。减压井可在地下水集中地区设置,采用成排排列的方式进行布置,每排孔群的方向应垂直于地下水的流向。

2.护坡绿化措施

由于该不稳定斜坡物质组成为松散易于地表水下渗的碎石土和块石土,为减少地表水下渗,可在潜滑体上铺设薄层黏土并夯实。同时,在潜滑地段进行绿化,尤其是种植阔叶树木,也是配合地表排水、促使边坡稳定的一项有效措施。

3.定期维护和监测

边坡防治措施施工完成后,应不定时清除截排水沟中的淤泥、碎石土等,以免截排水设施起不到应有的作用,同时在施工期间及施工完成后的正常运行过程中,应对该边坡进行人工观测,及时了解施工对不稳定斜坡的影响及其变形的发展趋势,保证施工安全。

11.3.4.2　非避让条件下的防治方案

假若因规划、布局等原因无法避让,根据类似工程经验,建议对该不稳定斜坡采取支挡、截排水、防护组合等综合整治的方案进行治理。其中加固支挡工程的位置,尽可能利用滑体抗滑段的抗滑力,以减少支挡结构的荷载。同时应针对该边坡的具体特点(比如该边坡为基岩逆向坡、潜滑面为坡积物覆盖层与基岩顶面、坡积物厚度一般不大等),考虑到潜在滑体各部分的稳定性、推力大小、滑动面埋深等,可分段采取不同的整治措施。

(1)支挡措施。尽管本工程滑体厚度不是很大,但由于滑坡体规模较大,且滑坡前缘地形陡(约 35°),若完全清除现有滑坡体不仅不可行,而且可能导致其后缘坡体失去支撑而下滑,因此建议在滑坡中部及前缘采用挡土墙、抗滑桩或抗滑桩板墙等工程支挡措施,对坡面进行不同程度的防护加固处理。其中,抗滑桩板墙支挡结构体系中抗滑桩的深度可依据基岩覆盖层厚度变化而异,目前的施工技术条件已较为成熟,而且抗滑桩板墙自重较轻,比较适宜用于类似本工程浅层覆盖边坡防治。

(2)截排水措施、护坡绿化措施、定期维护和监测措施与避让条件下均相同。

第 12 章　研究区地质灾害专项评估

12.1　地质灾害危险性现状评估

根据《地质灾害危险性评估规范》(DZ/T 0286—2015),地质灾害危险性评估工作评估的灾害类型主要有崩塌、滑坡、泥石流、地面塌陷、地裂缝及地面沉陷等地质灾害。

12.1.1　地质灾害类型及特征

根据研究区的地层岩性、地形地貌及人类工程活动等特征,认为研究区最容易发生的地质灾害类型为崩塌、滑坡及地面塌陷等。因此,野外调查中把工作重点放在了上述灾种,对研究区内的自然山坡、人工采石及修路形成的陡壁、地下采矿情况等作为重点做了调查,进行了走访、实地查看、拍照、描述等工作。

经过调查和对比《荥阳市万山采石场矿山地质环境治理恢复工程可行性研究报告》发现,在研究区共存在 1 个滑坡点、2 个崩塌点。

12.1.1.1　滑坡

在万山南部山坡的 9 号采坑的东部,发生滑坡(见图 12-1、图 12-2),滑坡体长在 25 m 左右,宽约 10 m,厚度在 3~5 m。滑向南偏西,坡度约 45°,发育有植被,滑面为粉砂岩,滑体岩性为上部碎石、粉质黏土,下部粉砂岩,处于强风化状态。没有造成人员财产损失。

图 12-1　9 号采坑东部的滑坡

图 12-2　滑坡体上部的裂缝

12.1.1.2　崩塌

崩塌位于万山 5 号采坑和 11 号采坑内,为采矿崩塌,崩塌岩石大小宽约 15 cm,长约 20 cm(见图 12-3、图 12-4、表 12-1),没有造成人员财产损失,母体仍存在有危岩体,有再次崩塌的隐患。

图 12-3　DZ7 崩塌

图 12-4　DZ6 崩塌

表 12-1　研究区崩塌一览表

编号	位置	崩塌高度（m）	基本特征		
			母体岩性	诱发因素	危害
DZ7	5 号采坑内	15	粉质砂岩	采矿	未造成危害
DZ6	11 号采坑内	25	粉质砂岩	采矿	未造成危害

12.1.2　地质灾害危险性现状评估

现状条件下，研究区发现小型滑坡 1 处、崩塌 2 处，未发现其他地质灾害类型。因此，现状评估认为，现状条件下，研究区地质灾害不发育，地质灾害危险性小。

12.2　地质灾害危险性预测评估

12.2.1　工程建设引发地质灾害可能性的预测

研究区地形起伏较大，总体地势是西高东低，最高处海拔 495 m，位于研究区中西部的万山山顶，最低处仅 179 m，位于研究区的东南部。因工程建设需要大面积挖高填低，将导致挖方地段边界形成高陡边坡，填方地段形成大面积、大厚度的不均匀填土地基。

12.2.1.1　区内开挖引发滑坡及崩塌地质灾害可能性预测

地质文化产品交易市场功能区位于整个区的西北部，现地面高程 202~259 m，区内南部为最高点，挖填整平后可能会形成高度大于 5 m 的黄土边坡。因此，在开挖过程中及开挖完成后，引发滑坡及崩塌的可能性较大，预测其危险性小。

入口配套区主要建筑有入口广场和停车场，入口广场北部现地面高程 237~249 m，然后自北向南高程逐渐变大，至广场南部最高点 262 m，挖填整平后可能会形成高度大于 5

m的黄土边坡,入口广场周围边坡坡度较陡,因此引发滑坡的可能性较大;停车场现地面高程183~215 m,西高北低,挖填整平后可能会形成高度大于5 m的黄土边坡,引发滑坡的可能性较大,预测其危险性小。

黄土地貌景观区以万山沟谷众多的地形条件和出露的黄土地貌为载体,为观景区,故引发滑坡及崩塌的可能性较小,预测其危险性小。

地质地貌微缩景观区以万山粉红色石英砂岩、紫红色砂质泥岩为主展示丹霞地貌、雅丹地貌、嶂石岩地貌等地貌类型的观赏区,故引发滑坡及崩塌的可能性较小,预测其危险性小。

地质科普示范区位于研究区中东部,建设有盘古开天、雪球世界、远古海洋、远古森林、星球撞击、地球村、地热谷等景区,地形较平缓,开挖高度较小。因此,在开挖过程中及开挖完成后,引发滑坡及崩塌的可能性较小,预测其危险性小。

生态地球化学示范片区位于研究区南部,建设有地质技术研究中心、地质环境研究中心等地段地形较平缓,开挖高度较小。因此,在开挖过程中及开挖完成后,引发滑坡及崩塌的可能性较小,预测其危险性小。

地质拓展训练营景区位于研究区中西部,两个堆渣高陡边坡位于地质拓展营的西边界,紧邻地质拓展训练营的VIP综合服务中心,工程建设的开挖引发堆渣高陡边坡滑坡的可能性较大,预测其危险性中等;盘古城与生肖广场沿万山而建,滑坡位于万山南坡9号采坑,9号采坑西侧拟建有伸展观景台,故工程建设过程中及开挖完成后,引起滑坡再次下滑的可能性较大,预测其危险性中等。

12.2.1.2 区内填土引发地面不均匀沉陷地质灾害可能性预测

地质文化产品交易市场、停车场中部及其他功能区和配套区建设地段,在挖填整平后可能会形成大面积的填方地段,由于填土与周围天然土体的差异性,建筑物建成后在重力荷载的作用下可能会造成地面不均匀沉陷,但荷载均不大,预测其危险性小。

12.2.2 工程建设本身可能遭受地质灾害的危险性

12.2.2.1 工程建设遭受崩塌、滑坡地质灾害的危险性预测

万山南坡发育有滑坡、矿坑较多,滑坡西侧有建设项目,故工程建设遭受崩塌、滑坡的危险性中等。

地质拓展训练营西北部有两个堆渣高陡边坡,边坡已发育有裂缝。因此,工程建设遭受崩塌、滑坡的危险性中等。

12.2.2.2 工程建设本身可能遭受地面不均匀沉陷地质灾害危险性的预测

如前所述,该区大部分地区为非自重湿陷性场地,黄土湿陷等级为Ⅰ级(轻微),因黄土湿陷变形引发的地面不均匀沉陷的可能性小。因此,该区工程建设过程中和建成后遭受因黄土湿陷变形引发的地面不均匀沉陷的危险性小。

12.2.2.3 工程建设遭受地裂缝地质灾害的危险性预测

据《河南省地裂缝与地面沉陷调查报告》(1∶50万),明崇祯九年(1636年),荥阳"大雨,下窝村地裂,阔两步,长三余里,……今为壑坎"(顺治十六年,《汜水县志》),

“1981 年荥阳县城关乡横沟、大王村、杨垌、二十里铺长 15 km 范围内发生地裂缝”。

上述历史地裂缝和现代地裂缝的发生，说明研究区具有发生地裂缝的地质环境条件。因此，规划区工程建设过程中和建成后有遭受地裂缝地质灾害危害的可能性，其危险性小。

12.3　地质灾害危险性综合分区评估及防治措施

12.3.1　综合分区评估原则

地质灾害危险性综合分区评估的原则是依据地质灾害危险性现状评估和预测评估的结果，充分考虑研究区的地质环境条件的差异和潜在的地质灾害隐患、危害程度，根据“区内相似，区际相异”的原则，进行地质灾害危险性等级分区(段)。

12.3.2　地质灾害危险性综合分区评估

野外调查表明，现状条件下，研究区发现小型滑坡 1 处、崩塌 2 处，未发现其他地质灾害类型。因此，现状评估认为，现状条件下，研究区地质灾害不发育，地质灾害危险性小。

预测评估认为，地质文化产品交易市场功能区引发滑坡及崩塌的可能性较大，危险性小；入口配套区引发滑坡及崩塌的可能性较大，危险性小；停车场遭受因填筑土碾压不实引发的地面不均匀沉陷可能性较大，危险性小；地质拓展训练营景区内地质拓展训练营建设使堆渣高陡边坡发生崩塌、滑坡的可能性较大，危险性中等；地质拓展训练营景区内盘古城与生肖广场建设使滑坡再次产生滑坡的可能性较大，危险性中等；工程建设因万山南坡滑坡遭受崩塌、滑坡的可能性较大，危险性中等；工程建设因地质拓展训练营西部的两个高陡边坡遭受崩塌、滑坡的可能性较大，危险性中等；其他功能区和配套区引发和遭受地质灾害的可能性较小，危险性小。

根据地质灾害现状评估与预测评估，综合分区评估认为，研究区万山南坡和两个堆渣(Ⅰ区)为地质灾害危险性中等区，其余(Ⅱ区)为地质灾害危险性小区，见表 12-2。

表 12-2　地质灾害危险性综合分区评估一览表

区(段)	灾害类型	现状评估	预测评估		综合分区评估
			①	②	
Ⅰ区 (万山南坡、 两个堆渣边坡)	崩塌	小	中等	中等	中等区
	滑坡	小	中等	中等	
	地面不均匀沉陷		小	小	
	地裂缝			小	
	崩塌	小	小	小	
Ⅱ区 (研究区其他区域)	滑坡		小	小	小区
	地面不均匀沉陷	小	小	小	
	地裂缝			小	

注：①指工程建设引发地质灾害的可能性；②指工程建设本身可能遭受地质灾害的危险性。

12.3.3 建设适宜性评价

综合分区评估认为，Ⅰ区（万山南坡、两个堆渣边坡）为地质灾害危险性中等区，研究区基本适宜景观用地，适宜绿化用地。对可能引发和遭受的崩塌、滑坡、地裂缝、地面不均匀沉陷须采取有效防治措施。Ⅱ区（研究区其他区域）为地质灾害危险性小区，研究区适宜各类建设用地。

12.3.4 地质灾害的防治措施

地质灾害的防治原则是“以防为主，避让与治理相结合”，以达到保护地质环境，避免和减少灾害所造成的损失。根据研究区地质环境条件、地质灾害种类及地质灾害的危险性提出相应的防治措施。

12.3.4.1 崩塌、滑坡防治措施

在研究区针对其边坡的地层岩性和边坡高度，边坡坡率可采用1∶0.75，开挖时采用先上后下、分段施工的原则；建筑物距冲沟、边坡要保持一定安全距离；削坡挖方工程和深基坑工程应专门设计，避免形成高陡边坡；清除散布于山坡上或冲沟边坡上威胁建筑物及人员安全的孤石或危岩体，或采取遮挡、拦截、支顶等措施；各类排洪（水）沟应进行专门水文计算，并采取防护措施；对道路两侧或建设工程附近的边坡应进行工程防治措施，可采用挡土墙、锚固、抗滑桩等支护措施。

12.3.4.2 地面不均匀沉陷地质灾害防治措施

在工程建设中回填冲沟及其他坑洼时，以及在填沟工程中，应分层夯实回填土，确保回填土质量达到设计要求。

12.3.4.3 地裂缝的防治措施

（1）地面出现地裂缝时，应及时回填，并建立监测、警示标志，以防地裂缝进一步发展造成人员伤亡。

（2）保证地基等回填土的质量。

（3）将地裂缝的勘察评价作为岩土工程勘察的重点工作之一，并采取相应工程措施进行处理。

第 13 章　结论与建议

13.1　结　论

13.1.1　含水层分布特征

研究区具有供水意义的含水层为松散岩类孔隙水浅层含水层（农业灌溉开采层）、中深层含水层（安全饮用水开采层）、二叠系裂隙含水层（部分安全饮用水开采层和矿井疏干排水层）和寒武系厚层灰岩岩溶裂隙含水层（部分安全饮用水开采层和矿井疏干排水层）。

（1）松散岩类孔隙水浅层含水层［农业灌溉开采层（<60 m）］。

浅层地下水富水性，西部冲洪积平原、南部丘陵无良好含水层，富水性较差，东部冲洪积平原，地形平坦，浅层含水层组比较发育。①中等富水区（100~1 000 m^3/d），分布于东部的冲洪积倾斜平原的荥阳市城区、豫龙镇、乔楼镇一带。②弱富水区（<100 m^3/d），分布于西部冲洪积平原的上街区、峡窝镇、荥阳市的城关乡和南部丘陵的刘河镇、崔庙镇、贾峪镇、乔楼镇一带。

（2）松散岩类孔隙水中深层含水层［安全饮用水开采层（60~300 m）］。

①强富水区（>1 000 m^3/d），分布于上街区、荥阳市城区、乔楼镇、豫龙镇一带。②中等富水区（100~1 000 m^3/d），分布于豫龙镇的东部和城关乡的南周村、豫龙镇的槐林村一带的冲洪积平原。

（3）二叠系砂岩溶裂隙含水层（部分安全饮用水开采层和矿井疏干排水层）。

裸露型分布于五云山—三山—万山一带的低山丘陵区。单井出水量<1 000 m^3/d，目前开采量较小。埋藏型分布于刘河镇—崔庙镇—贾峪镇以北的丘陵区。含水层为二叠系砂岩，富水性不均，受南部煤矿的排水影响，目前裂隙水水位埋深大于 100 m，部分裂隙水井已干枯。

（4）寒武系灰岩岩溶裂隙含水层（部分安全饮用水开采层和矿井疏干排水层）。

研究区内为裸露型，分布于刘河镇—崔庙镇—贾峪镇以北的低山区。单井出水量<1 000 m^3/d，受北部煤矿的排水影响，目前岩溶水水位埋深大于 150 m，部分水井已干枯。

13.1.2　水文地质特征

（1）浅层含水层组（埋深 60 m 以浅）。弱富水区（<100 m^3/d），分布于产业园的南部及北部的丘陵区，富水性差。

（2）中深层含水层组（埋深 60~120 m）。中等富水区（100~1 000 m^3/d），分布于产业园区北部的宋庙—过洞口一带。含水层岩性为粉砂、细砂、细中砂、中粗砂。结构较松散，累计厚度 30~40 m，富水性较好。

(3)碎屑岩类裂隙水。裸露区，含水层为二叠系砂岩，呈东西向长条形分布于产业园中部的万山一带，单井出水量 100~200 m^3/d。覆盖区，含水层为二叠系砂岩。上部为坡积、冲洪积形成的粉土、碎石土和粉质黏土所覆盖，覆盖层厚度南部小于 60 m，北部小于 120 m。地下水埋深较大，单井出水量一般为 100~300 m^3/d，大者可达 720 m^3/d。

(4)碳酸盐岩类岩溶裂隙水。顶板为巨厚的二叠系和石炭系的砂岩、泥岩。其含水层主要为奥陶系、寒武系灰岩，厚度约 1 000 m。岩溶裂隙发育，但极不均一，水位埋深差异大，富水性不均一，单井出水量一般小于 500 m^3/d，大者可达 2 160 m^3/d。

13.1.3 地下水水化学及水质特征

区内地下水用于农田灌溉除崔庙镇项沟村沟脑组水质中等，其他地区均为完全适用农业灌溉的好水。松散岩类孔隙水用于工业用水为锅垢较少—锅垢较多、软沉淀—硬沉淀、不起泡、非腐蚀性水；砂岩裂隙水用于工业用水多为锅垢较少—锅垢较多、软沉淀—中等沉淀、不起泡、非腐蚀性水；灰岩岩溶水用于工业用水多为锅垢较多、中等沉淀—硬沉淀、不起泡、非腐蚀性水。

(1)研究区松散岩类孔隙地下水属于低矿化度淡水，仅个别样硝酸盐含量超标，其他各因子均符合生活饮用水卫生标准。除 SSS12(荥阳市城关镇小王村)和 SSS15(荥阳市京城办曹李村)NO_3^-超标，水质较差外，其他地区均为水质良好的Ⅱ级水。

(2)碎屑岩类裂隙地下水属低矿化度淡水，少部分水样硝酸盐含量超标，其他各因子均符合生活饮用水卫生标准。水质良好的Ⅱ级水主要分布在后凹—中山坡—张王庄—丁店—贾峪镇一带，水质较差的Ⅳ水主要分布在刘河镇—崔庙镇一带。

(3)碳酸盐岩类岩溶裂隙地下水属中性-弱碱性淡水-微咸水，部分水样铁、硝酸盐含量超标。

(4)产业园区内地下热水，为 SO_4-Ca · Mg 型、SO_4-Ca 型水；为锅垢很多、硬沉淀、半起泡—起泡；满足《饮用天然矿泉水》(GB 8537—2018)要求；达到理疗矿水水质标准，可以用于理疗、洗浴、采暖、温室种植等行业领域，其经济价值较大。

13.1.4 地下水资源量

(1)松散岩类孔隙水浅层地下水。多年平均浅层地下水总补给量 3 902.18 万 m^3/a(10.7 万 m^3/d)，总排泄量 4 963.05 万 m^3/a(13.6 万 m^3/d)，均衡差为-1 060.87 万 m^3/a(-2.9 万 m^3/d)。属于一般超采区。

(2)松散岩类孔隙水中深层地下水。中深层地下水每年允许开采量为 1 962.82 万 m^3/a，实际开采量为 3 056.34 万 m^3/a，均衡差为-1 093.52 万 m^3/a，处于超采状态。

(3)裂隙水。多年平均裂隙水可开采量为 856.66 万 m^3。多年平均裂隙水总补给量为 1 223.80 万 m^3/a，总排泄量为 1 194.97 万 m^3/a，均衡差为 28.83 万 m^3/a，裂隙水总补给量略大于总排泄量。该系统为正均衡，属采补平衡。

(4)岩溶水。多年平均岩溶水系统可开采量为 1 092.94 万 m^3。多年平均岩溶水总补给量为 1 366.18 万 m^3/a，总排泄量为 1 318.14 万 m^3/a，均衡差为 48.04 万 m^3/a，岩溶水系统总补给量略大于总排泄量。该系统为正均衡，属采补平衡。

13.1.5 地下水水位下降的危害程度评价

（1）矿井排水引起地下水水位大幅下降。

①矿井排水对岩溶水资源破坏严重。据均衡计算，多年平均岩溶水系统总补给量略大于总排泄量，该系统为正均衡。从枯水年均衡计算分析，该子系统地下水始终处于负均衡状态，近几年降水量偏小，地下水水位持续下降。由于排泄量大于补给量，静储量不断消耗，使其上游和下游地下水处于疏干和半疏干状态。

②岩溶水水位整体下降，局部降幅巨大。目前，已经在刘河—崔庙—贾峪的煤矿一带地下水水位埋深大于 150 m。造成部分井报废和出水量减少，更换抽水设备，增加经济负担。

（2）近几年降水量少引起的区域地下水水位下降。

1997 年降水量为 492.6 mm，2011 年降水量为 737.7 mm，2013 年降水量也只有 400 mm 多。近几年降水量明显偏少，降水量少是研究区水位普遍下降的原因。

（3）集中开采形成地下水降落漏斗。

研究区年开采量 4 963.05 万 m^3，日开采量 13.6 万 m^3，浅层地下水开采模数为 14.76 万 m^3/（km^2 · a），为开采强度中等区。在荥阳市城区、上街区，地下水开采量集中，开采量大，为开采强度大区。研究区中深层地下水开采模数为 11.34 万 m^3/（km^2 · a）。

由于中深层地下水的集中开采，在荥阳市城区和上街区一带形成了地下水降落漏斗区，面积 40.2 km^2。地下水水位埋深大于 90 m，开采井出水量减小，降深大幅增大。

13.1.6 主要工程地质问题

13.1.6.1 黄土湿陷性问题

在区内第Ⅲ工程地质区（丘陵黄土工程地质区）、第Ⅳ工程地质区（丘间冲沟黄土工程地质区）上部 3~12 m 为湿陷性黄土，具有Ⅰ级轻微湿陷性，当作为地基持力层时，需进行相应处理并采取相应的防水措施。

13.1.6.2 崩塌问题

在场区内第Ⅰ工程地质区［低山-丘陵基岩（薄层覆盖）工程地质区］、第Ⅳ工程地质区（丘间冲沟黄土工程地质区）内，存在着崩塌不稳定体。第Ⅰ工程地质区内崩塌主要分布在山顶东、西片区瀑布，该处为废弃的采石场，岩壁陡立，基岩裸露，壁面上节理、裂隙、层理等结构面较为发育，较多部位采石陡壁上存在中小型崩塌，陡壁下方崩塌体体积 17~135 m^3。建议对以上两建筑部位采石场遗留陡壁上的危岩体进行处理，可采用卸载、灌浆、锚固措施处理。

分布于在第Ⅳ工程地质区（丘间冲沟黄土工程地质区）内，主要沿着拟建水系发育，拟建水系现状条件下为一自然冲沟，冲沟深度 2~10 m 不等，沿该沟壁零星分布着一些小型土质崩塌，崩塌体体积 0.5~3 m^3。由于该部位为拟建水系，除做好防水防渗措施外，尚需对该处小型崩塌采取削坡、放坡、水泥和植被固化等措施处理。

13.1.6.3　边坡(潜在滑坡)稳定性问题

在场区第Ⅰ工程地质区[低山-丘陵基岩(薄层覆盖)工程地质区]、第Ⅱ工程地质区(丘陵碎石、块石土工程地质区)内,存在着边坡(潜在滑坡)体。在第Ⅰ工程地质区内的边坡(潜在滑坡)体主要位于山腰采石场道路路面上方(北侧),存在着3~4处潜在小型滑坡,该区域潜在小型滑坡体物质成分为碎石、块石,松散-稍密状。碎石来源为风化坡积碎(块)石土、采石遗弃碎石土,局部地段表层覆盖厚度0.2~1.5 m含砾粉土,坡面杂草、矮小灌木较发育,边坡上可见"马刀树",最大后缘裂缝达20 cm。由于修路切坡,客观上产生了坡脚卸荷作用,增大了这些小型滑坡的潜在不稳定性,在坡积物进一步堆积加载、雨水浸泡、软化等作用下,易于产生小型滑坡,建议对其采取坡顶卸载、坡面防水等方案处理。

在本工程第2、3登山步道之间的第Ⅱ工程地质区(丘陵坡积物工程地质区)内,存在着一个大型潜在滑坡。该潜在滑坡呈南北走向,潜在滑动势为由北向南。滑坡后缘位于万山南坡采石场道路一带,滑坡西缘为沿拟建第2登山步道所在自然沟谷,滑坡西缘为沿拟建第3登山步道所在自然沟谷,前缘位于拟建游客服务中心、综合运动场北侧,滑坡前缘界线与第Ⅱ工程地质区、第Ⅳ工程地质区界线重合。

根据工程地质类比法,初步判定该潜在滑坡目前处于稳定状态。但是当在滑坡体上部工程加荷、人工不当削坡、暴雨软化、渗流力、地震力等不利诱发因素作用下,尚且存在滑体滑动的潜在危险性。经计算,本工程边坡在暴雨工况及地震+暴雨工况下,边坡稳定安全系数不满足规范要求,处于欠稳定和不稳定状态。

根据当地经验,对该潜在滑坡,可采取坡顶减载卸荷、坡底堆载反压、坡顶截水防水、坡面排水、坡体渗水、坡面固化等措施加固,必要时尚可采取挡土墙、拦挡坝等措施固定滑坡体松散碎石层,以确保该潜在滑体下方拟建VIP综合服务中心、综合运动场等建筑的安全。

13.1.6.4　水系渗漏稳定性问题

本工程水系所在地段地基土岩性变化较大。水系南侧沟壁多为基岩出露。在拟建寿山及其以东附近地段水系的沟底为基岩出露,沟底和沟壁出露的基岩岩性为紫红色泥岩、黄绿色砂岩等。由于长期受流水冲刷和冲洪积物磨蚀作用,水系地段沟底沟壁出露的基岩多呈中风化状态,基岩表面结构面(裂隙面)发育程度为平均间距0.3~1 m,组数3~5条,结构面结合程度一般,岩体多呈块状或中厚层状,完整程度为较完整—较破碎,基岩裂隙面、层面等结构面的存在对拟建水系的渗漏稳定性造成较大不利影响,基础施工时可采取压密灌浆、硬化池底等措施。

沟壁北侧均为坡壁直立的第四系上更新统粉土,该粉土具有Ⅰ级轻微湿陷性,具大孔隙、垂直节理。考虑到该段地下水水位埋深较大,且其水系所在地段沟底、沟壁渗透系数均较大,建议施工时对其采取物理、化学硬化处理。

13.1.7　环境地质问题及地质灾害评估结论

(1)研究区主要环境地质问题有崩塌、滑坡、地下水水位急剧下降、地下水水质污染、土地资源破坏(闭坑矿井未进行复垦,造成土地资源浪费)。

（2）研究区地质灾害弱发育，地质灾害危险性相对较小。

（3）预测评估认为，地质文化产品交易市场功能区引发滑坡及崩塌的可能性较大，危险性小；入口配套区引发滑坡及崩塌的可能性较大，危险性小；停车场遭受因填筑土碾压不实引发的地面不均匀沉陷可能性较大，危险性小；地质拓展训练营景区内地质拓展训练营建设使堆渣高陡边坡发生崩塌、滑坡的可能性较大，危险性中等；地质拓展训练营景区内盘古城与生肖广场建设使滑坡再次产生滑坡的可能性较大，危险性中等；工程建设因万山南坡滑坡遭受崩塌、滑坡的可能性较大，危险性中等；工程建设因地质拓展训练营西部的两个高陡边坡遭受崩塌、滑坡的可能性较大，危险性中等；其他功能区和配套区引发及遭受地质灾害的可能性较小，危险性小。

（4）综合分区评估认为，Ⅰ区（万山南坡、两个堆渣边坡）为地质灾害危险性中等区，Ⅱ区（研究区其他区域）为地质灾害危险性小区。

13.2　建　议

（1）开展地下水资源开发利用和保护规划，为相关管理部门提供可靠的地下水开采量调控依据，保持矿区及周边地区生态环境的良性发展。

（2）建议增设荥阳市、上街区一带的浅层、中深层地下水，刘河—崔庙—贾峪一带的裂隙、岩溶地下水及矿井排水的动态监测点。加强水源地、农灌井、安全饮水井（包括裂隙、岩溶水水井）及代表性泉点及矿井水的水位、水量、水质及水温的动态监测工作，保持地下水、矿井水动态监测的日常化与常态化。

（3）建议充分利用煤矿矿坑排水资源，建设供水水厂。煤矿应加大堵水减排力度，减少矿井排水量。

（4）建议调整荥阳市农村安全饮水规划。建议河南省水利厅把荥阳市南部的刘河镇、崔庙镇、贾峪镇受矿井排水影响地区的乡镇中没有列入饮水安全的村庄列入安全饮水项目村。此外，强化地下水资源开采和矿井排水综合利用的管理，实现区域地下水资源的科学管理。

（5）建议对山顶东、西片区瀑布崖壁、攀岩区等基岩陡壁做详勘阶段工程勘察，建议对潜在滑坡进行详勘阶段勘察。

参 考 文 献

[1] 供水水文地质勘察规范:GB 50027—2001[S].
[2] 水文地质调查规范(1∶50 000):DZ/T 0282—2015[S].
[3] 生活饮用水卫生标准:GB 5749—2006[S].
[4] 地质灾害危险性评估规范:DZ/T 0286—2015[S].
[5] 岩土工程勘察规范:GB 50021—2001(2009 年版)[S].
[6] 湿陷性黄土地区建筑标准:GB 50025—2018[S].
[7] 建筑边坡工程技术规范:GB 50330—2013[S].
[8] 建筑工程地质勘探与取样技术规程:JGJ/T 87—2012[S].
[9] 土工试验方法标准:GB/T 50123—2019[S].
[10] 工程地质测绘标准:CECS 238:2008[S].
[11] 工程地质测绘标准:YS 5206—2000[S].
[12] 水利水电工程地质测绘规程:SL 299—2004[S].
[13] 工程地质调查规范(1∶25 000~1∶50 000):DZ/T 0097—1994[S].
[14] 滑坡防治工程勘查规范:DZ/T 0218—2006[S].
[15] 夏飞雪,侯怀仁,邓晓颖,等.河南郑州万山地质文化产业园水文地质调查报告[R].河南省郑州地质工程勘察院,2014.
[16] 王现国,陈峰,等.河南省荥阳市地下水资源开发利用区划报告[R].河南省地质厅水文地质二队,1995.
[17] 金守文,劳子强,等.郑州幅区域地质普查 1/20 万[R].河南省地质局区域地质调查队,1980.
[18] 叶汉东,张显功,等.郑州幅区域水文地质普查 1/20 万[R].河南省地质局水文地质一队,1986.
[19] 石钦州,等.荥阳县农业区划地下水资源调查 1/5 万[R].河南省地质局水文地质二队,1984.
[20] 张长明,等.荥阳县农田供水水文地质勘察 1/5 万[R].河南省建委地质公司水文地质队,1971.
[21] 刘同和,等.荥阳市上街区地下水资源调查[R].河南地矿厅水文二队,1989.
[22] 闫振鹏,等.河南省荥阳县汜水乡黄河滩地低产田改造综合勘察[R].河南省地质局第二水文地质工程地质队,1990.
[23] 河南省煤田地质工程勘察院.荥巩煤田勘探报告[R].河南省煤田地质局,1966-1989.
[24]《工程地质手册》编委会.工程地质手册[M].5 版.北京:中国建筑工业出版社,2018.
[25] 陈希哲.土力学地基基础[M].北京:清华大学出版社,2004.
[26] 郑栋材,吴爱君,汪向丽,等.河南郑州万山地质文化产业园地质拓展训练营工程地质勘查项目工程地质测绘报告(1∶1 000)[R].河南省郑州地质工程勘察院,2014.
[27] 建筑抗震设计规范:GB 50011—2010[S].
[28] 郑栋材,吴爱君,汪向丽,等.河南郑州万山地质文化产业园地热谷及地质职工养老基地工程地质勘察报告[R].河南省郑州地质工程勘察院,2015.
[29] 曹芸,乔建伟,石莹莹,等.河南郑州万山地质文化产业园地质灾害危险性评估报告[R].河南省地质矿产勘查开发局测绘地理信息院,2013.
[30] 建筑地基基础设计规范:GB 50007—2011[S].

[31] 工程岩体分级标准:GB 50218—94[S].

[32] 地基处理手册编写委员会.地基处理手册[M].2 版.北京:中国计划出版社,2000.

[33] 孙广忠.工程地质与地质工程[M].北京:地震出版社,1993.

[34] 徐为亚,等.边坡及滑坡环境岩石力学与工程研究[M].北京:中国环境科学出版社,2000.

[35] 尚岳全,周建锋,童文德.含碎块石土质边坡的稳定性问题[J].地质灾害与环境保护,2002,13(1):41-43.

[36] 夏元友,李梅.边坡稳定性评价方法研究及发展趋势[J].岩石力学及工程学报,2002,21(7):1087-1091.

[37] 林峰,黄润秋.边坡稳定性极限平衡条分法的探讨[J].地质灾害与环境保护,1997(4):9-13.

[38] Wang Lansheng,Chen Mingdong,Li Tianbin.On the tuming sliding-cracking slope deformation and failure [M]. Proceedings of 6th ISL,A.A.Balkema Publisher,1992.

[39] Kikuchi, et al.Stochastic estimation and modeling based on statistics[M].Proc. 6 Canada.1987.

[40] Erik H. Vanmarcke. Reliability of Earth Slopes[J]. Geotech. Engrg. Div,1977.